Wissenschaftliche Reihe Fahrzeugtechnik Universität Stuttgart

Reihe herausgegeben von

Michael Bargende, Stuttgart, Deutschland

Hans-Christian Reuss, Stuttgart, Deutschland

Jochen Wiedemann, Stuttgart, Deutschland

Das Institut für Fahrzeugtechnik Stuttgart (IFS) an der Universität Stuttgart erforscht, entwickelt, appliziert und erprobt, in enger Zusammenarbeit mit der Industrie, Elemente bzw. Technologien aus dem Bereich moderner Fahrzeugkonzepte. Das Institut gliedert sich in die drei Bereiche Kraftfahrwesen, Fahrzeugantriebe und Kraftfahrzeug-Mechatronik. Aufgabe dieser Bereiche ist die Ausarbeitung des Themengebietes im Prüfstandsbetrieb, in Theorie und Simulation. Schwerpunkte des Kraftfahrwesens sind hierbei die Aerodynamik, Akustik (NVH), Fahrdynamik und Fahrermodellierung, Leichtbau, Sicherheit, Kraftübertragung sowie Energie und Thermomanagement – auch in Verbindung mit hybriden und batterieelektrischen Fahrzeugkonzepten. Der Bereich Fahrzeugantriebe widmet sich den Themen Brennverfahrensentwicklung einschließlich Regelungs- und Steuerungskonzeptionen bei zugleich minimierten Emissionen, komplexe Abgasnachbehandlung, Aufladesysteme und -strategien, Hybridsysteme und Betriebsstrategien sowie mechanisch-akustischen Fragestellungen. Themen der Kraftfahrzeug-Mechatronik sind die Antriebsstrangregelung/Hybride, Elektromobilität, Bordnetz und Energiemanagement, Funktions- und Softwareentwicklung sowie Test und Diagnose. Die Erfüllung dieser Aufgaben wird prüfstandsseitig neben vielem anderen unterstützt durch 19 Motorenprüfstände, zwei Rollenprüfstände, einen 1:1-Fahrsimulator, einen Antriebsstrangprüfstand, einen Thermowindkanal sowie einen 1:1-Aeroakustikwindkanal. Die wissenschaftliche Reihe „Fahrzeugtechnik Universität Stuttgart" präsentiert über die am Institut entstandenen Promotionen die hervorragenden Arbeitsergebnisse der Forschungstätigkeiten am IFS.

Reihe herausgegeben von

Prof. Dr.-Ing. Michael Bargende
Lehrstuhl Fahrzeugantriebe
Institut für Fahrzeugtechnik Stuttgart
Universität Stuttgart
Stuttgart, Deutschland

Prof. Dr.-Ing. Hans-Christian Reuss
Lehrstuhl Kraftfahrzeugmechatronik
Institut für Fahrzeugtechnik Stuttgart
Universität Stuttgart
Stuttgart, Deutschland

Prof. Dr.-Ing. Jochen Wiedemann
Lehrstuhl Kraftfahrwesen
Institut für Fahrzeugtechnik Stuttgart
Universität Stuttgart
Stuttgart, Deutschland

Weitere Bände in der Reihe http://www.springer.com/series/13535

Tobias Schürmann

Untersuchungen zum kraftstoffeffizienten und lokal emissionsfreien Betrieb paralleler Plug-in-Hybridfahrzeuge und zur Auslegung darauf basierender, prädiktiver Betriebsstrategien

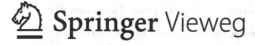 Springer Vieweg

Tobias Schürmann
IFS, Fakultät 7, Lehrstuhl für Fahrzeugantriebe
Universität Stuttgart
Stuttgart, Deutschland

Zugl.: Dissertation Universität Stuttgart, 2021

D93

ISSN 2567-0042 ISSN 2567-0352 (electronic)
Wissenschaftliche Reihe Fahrzeugtechnik Universität Stuttgart
ISBN 978-3-658-34755-0 ISBN 978-3-658-34756-7 (eBook)
https://doi.org/10.1007/978-3-658-34756-7

Die Deutsche Nationalbibliothek verzeichnet diese Publikation in der Deutschen Nationalbibliografie; detaillierte bibliografische Daten sind im Internet über http://dnb.d-nb.de abrufbar.

Planung/Lektorat: Stefanie Eggert
Springer Vieweg ist ein Imprint der eingetragenen Gesellschaft Springer Fachmedien Wiesbaden GmbH und ist ein Teil von Springer Nature.
Die Anschrift der Gesellschaft ist: Abraham-Lincoln-Str. 46, 65189 Wiesbaden, Germany

Vorwort

Die vorliegende Dissertation entstand unter der Betreuung von Herrn Prof. Dr.-Ing Michael Bargende vom Institut für Verbrennungsmotoren und Kraftfahrwesen der Universität Stuttgart in Kooperation mit Herrn Prof. Dr-Ing. André Böhm von der Fakultät Fahrzeugtechnik der Hochschule Esslingen. Die Fragestellungen dieser Arbeit wurden in der Forschung und Entwicklung der Daimler AG ausgearbeitet und beantwortet.

Herzlich bedanke ich mich bei meinem Doktorvater Herrn Prof. Dr.-Ing Michael Bargende für die Betreuung meiner Arbeit, die konstruktiven und zielführenden Gespräche sowie die Übernahme des Hauptreferats.

Herrn Prof. Dr. techn. Christian Beidl danke ich für die fachliche Begutachtung dieser Arbeit und Übernahme des Koreferats.

Besonders bedanke ich mich bei Herrn Prof. Dr-Ing. André Böhm für die fachlichen Rücksprachen und die stetige Unterstützung meiner Arbeit.

Außerordentlich dankbar bin ich für die zahlreichen fachlichen Diskussionen mit Herrn Dr.-Ing. Daniel Görke. Mit großem Engagement wurden in diesen neue Lösungswege sowie Ergebnisse ausgiebig besprochen. Ebenfalls danke ich meinem Teamleiter Herrn Dipl.-Ing. Stefan Schmiedler sehr für die Förderung meiner Arbeit sowie das Schaffen eines Raums, in dem es frei möglich war, neue Wege auszuprobieren. Weiterhin bedanke ich mich bei meinen Teamkollegen für die entgegengebrachte Unterstützung. Insbesondere bedanke ich mich hier meinem Doktorandenkollegen Lukas Engbroks, der maßgeblich zum Gelingen dieser Arbeit beigetragen hat.

Mein besonderer Dank gilt meiner Familie, meiner Freundin und allen meinen Freunden, die mich während dieser Tätigkeit unterstützt und auch für willkommene Abwechslung gesorgt haben. Besonders bedanke ich mich bei meinem Vater für das Korrekturlesen meiner Arbeit.

Stuttgart   Tobias Schürmann

Inhaltsverzeichnis

Abbildungsverzeichnis

Tabellenverzeichnis

Tabellenverzeichnis

Abkürzungsverzeichnis

ADAS	Advanced Driver Assistance System
AE	Absolute error
ANN	Artificial Neural Network
BBS	kausale Basis-Betriebsstrategie
DLR	Deutsches Luft- und Raumfahrtinstitut
ECMS	Equivalent Consumption Minimization Strategy
EM	elektrische Maschine
FANN	Fast Artificial Neural Network
GHR-Modell	Gazis-Herman-Rothery-Modell
Gl.	Gleichung
GPS	Global Positioning System
HD	Höhendifferenz
HEV	Hybrid Electric Vehicle
HV	Hochvolt
IDM	Intelligent Driver Modell
konst.	konstant
LPab	Lastpunktabsenkung
LPan	Lastpunktanhebung
LPV	Lastpunktverschiebung
MAE	Mean absolute error

MPC   Model Predictive Control

PBDM   Probability-Based Driver Model
PBS   prädiktive Betriebsstrategie
PHEV   Plug-in Hybrid Electric Vehicle
PI-Regler   Proportional-Integral-Regler
PMP   Pontrjaginsche Minimumsprinzip

RMSE   Root-mean-square error

SDP   Stochastische Dynamische Programmierung
SOC   State of charge
SUMO   Simulation of Urban Mobility

TraCI   Traffic Control Interface

VM   Verbrennungsmotor

WLTP   Worldwide Harmonized Light-Duty Test Procedure

Symbolverzeichnis

Griechische Buchstaben

Δ	Differenzzeichen	-
δ	Differentialzeichen	-
η	Wirkungsgrad	-
λ	Äquivalenzfaktor	g/kWh
Φ	Endkostenterm	g

Indizes

0	Startwert
Anf	Anforderung
$äqu$	äquivalent
$Batt$	Batterie
$Bremsen$	Fahraufgabe Bremsen
CD	Entladen im Hybridbetrieb (aus dem Englischen „Charge Depleting")
CH	Laden im Hybridbetrieb (aus dem Englischen für „Charge")
CS	Halten des Ladezustands im Hybridbetrieb (aus dem Englischen für „Charge Sustaining")
dyn	dynamisch
EF	elektrische Fahrt
EM	elektrische Maschine
f	final
$Folgen$	Fahraufgabe Folgen
$FreieFahrt$	Fahraufgabe freie Fahrt
Fzg	Fahrzeug
gen	generatorisch
i	Laufvariable
KS	Kraftstoff
$LPab$	Lastpunktabsenkung

LPan	Lastpunktanhebung	
LPV	Lastpunktverschiebung	
mot	motorisch	
NV	Nebenverbraucher	
norm	normiert	
opt	optimal	
Reib	Reibmoment	
Stadt	innerstädtische Fahrsituationen	
Start	Start	
stat	statisch	
steig	steigungsabhängig	
Stopp	Ortsfestes Objekt, das Anhalten erfordert	
TK	Trennkupplung	
VM	Verbrennungsmotor	
vorausFzg	Vorausfahrendes Fahrzeug	
Ziel	Ziel	
zul	zulässige Höchstgeschwindigkeit	

Lateinische Buchstaben

b_e	effektiver spezifischer Kraftstoffverbrauch	g/kWh
E	Energie	J
e	streckenbezogener Energiebedarf	J/m
GPI	Grünphasenindex	-
H	Hamiltonische Funktion	g
J	Kostenfunktion	g
L	Lagrange-Funktion	g
m	Masse	g
$\dot{m}$	Massenstrom	g/s
n	Drehzahl	min^{-1}
P	Leistung	W
p	Korrekturterm der ECMS	-
RN	Zufällig bestimmte Zahl	-
s	Länge	m
SOC	State of charge	%
T	Drehmoment	Nm

t	Zeit	s
U	Steuergrößenraum	-
u	Steuergröße beziehungsweise Lastaufteilung	-
v	Fahrzeuggeschwindigkeit	m/s
$\bar{v}$	Durchschnittsgeschwindigkeit	m/s
X	Zustandsgrößenraum	-
x	Zustandsgröße	-

Kurzfassung

Die intelligente Auswahl der Betriebszustände von Plug-in-Hybridfahrzeugen bietet das Potenzial, eine hohe Kraftstoffeffizienz und lokal emissionsfreies Fahren zu ermöglichen. Um diese Zielsetzungen erreichen zu können und damit die Mobilität vor allem im Hinblick auf die Emissionen in bewohnten Gebieten zu verbessern, müssen der Betriebsstrategie Informationen über die vorausliegende Strecke vorliegen. In dieser Arbeit wird untersucht, welche prädiktiven Informationen für einen entsprechenden Betrieb essentiell sind und wie sich dieser realisieren lässt. Basierend auf den Ergebnissen der dazu durchgeführten Sensitivitätsanalysen wird eine regelbasierte, prädiktive Betriebsstrategie ausgelegt und einer kausalen Betriebsstrategie gegenübergestellt.

Es wird eine Simulationsumgebung bestehend aus einer Verkehrs- und einer Längsdynamiksimulation eines Plug-in-Hybridfahrzeugs mit einer P2-Antriebsstrangkonfiguration aufgebaut. Die Verkehrssimulation ermöglicht das reproduzierbare Parametrieren des Verkehrs hinsichtlich der Verkehrsregelung, des Verkehrsaufkommens und der Fahrweise. Dadurch lassen sich Geschwindigkeitsverläufe bestimmen, welche eindeutig hinsichtlich dieser Fahrbedingungen beschrieben werden können. Im ersten Teil der Analyse wird für diese Geschwindigkeitsverläufe die zum elektrischen Fahren benötigte Energie berechnet. Der Zusammenhang zwischen den zugrunde liegenden Fahrbedingungen und dem resultierendem Energiebedarf gibt Aufschluss über die zur Vorhersage des Energiebedarfs notwendigen Informationen. Im zweiten Teil der Analyse wird der Einfluss der Fahrbedingungen auf das kraftstoffeffiziente Konditionieren des Ladezustands der Traktionsbatterie untersucht. Die Ergebnisse zeigen, welche Fahrsituationen sich für einen Ladebetrieb und welche sich für einen Entladebetrieb eignen. Daraus lässt sich ableiten, welche Informationen über die vorausliegende Strecke bekannt sein müssen, um einen entsprechenden kraftstoffeffizienten Betrieb darstellen zu können.

Abschließend wird die Gültigkeit der bestimmten Zusammenhänge mit einer Umsetzung in einer prädiktiven Betriebsstrategie überprüft. Zu diesem Zweck wird das Erreichen der Zielsetzung mit der umgesetzten prädiktiven Betriebsstrategie gegenüber einer kausalen Betriebsstrategie bewertet. Die berechneten Betriebsweisen zeigen, dass mit der Anwendung der hergeleiteten Zusammenhänge die gewünschten Ziele erreicht werden können. Einhergehend mit einer höheren Kraftstoffeffizienz als bei der Referenz lassen sich mit der prädiktiven Betriebsstrategie lokal die Emissionen in bewohnten Gebieten reduzieren.

Abstract

The intelligent selection of plug-in hybrid electric vehicles operating modes offers the potential to enable high fuel efficiency and local emission-free driving. For this purpose, the internal combustion engine is operated at higher efficiencies either by using more fuel and generating electric energy or by saving fuel and using electric energy. This is based on the assumption that the inverted operation also leads in subsequent driving situations to a increased efficiency and thus to an overall lower energy consumption. These instantaneous decisions result in an increase, a retention or a decrease of the state of charge of the traction battery. Over longer distances, they can be influenced in such a way that, additionally, the objective of local emission-free driving is achieved. In order to align both objectives and thus improve the mobility, especially in terms of emissions in populated areas, the operating strategy needs information on the route ahead. With a novel approach this study provides an in depth understanding of which predictive information is essential for such an operating strategy and how they should be used. Based on the results of the sensitivity analyses, a rule-based predictive operating strategy is designed and then compared with a causal operating strategy.

Driving situations are mainly influenced by the environment, the traffic control, the traffic volume and the driving stlye. In order to comprehensively analyze these influences on fuel-efficient operating strategies a simulation environment is built. It consists of a traffic simulation and a longitudinal dynamics simulation of a plug-in hybrid electric vehicle with a P2 powertrain configuration. The traffic simulation SUMO (Simulation of Urban MObility) [51] enables the reproducible calibration of the traffic control and the traffic volume and is therefore used for the intended investigations. Hence, for different speed limits all possible variations from no traffic to congestion as well as no influence of traffic control systems up to a strong influence can be displayed. The driver model used in the traffic simulation is developed within the scope of this thesis. With the application of the Markov property [85] it reproduces real driving behavior as accurately and comprehensively as possible. For a comprehensive consideration of real driving situations, various driving styles are recorded, which differ in their energetically relevant characteristics such as the target speed, the accelerations and decelerations. Based on these measurements, three different calibrations of the driver model are generated and used within the traffic simulation. By that various speed curves are determined in such a way that a high coverage of real world driving situations is achieved. As the advantage in comparison with real world measurements, the simulated speed curves are reproducible and can be unambiguously described in terms of the set driving conditions.

Further environmental influences, such as the road gradient, are considered in the longitudinal dynamics simulations of the previously determined speed curves. For this purpose, different road gradients from steep inclines to steep declines are set constant for the driving situations. This synthetic consideration makes it possible to draw precise conclusions about the influence of the road gradient on the different hybrid operating modes. The longitudinal dynamics simulation model represents the P2 powertrain of the test vehicle, which consists of a turbocharged 4-cylinder gasoline engine, a permanently excited synchronous electric engine and a 9-speed automatic transmission with a torque converter and a lock-up clutch. The powertrain components are modeled with stationary measured maps. As a basis for the following investigations, the longitudinal dynamics simulation is validated via test bench measurements.

For the aforementioned generated driving situations, the electric energy demand as well as the fuel consumption are calculated for various charging and discharging strategies. By the subsequent comparison of the resulting efficiencies, the necessity for prior knowledge of the various influences is evaluated.

In the first part of the analyses, the purely electric driving is investigated. The relationship between the underlying driving conditions and the resulting energy demand provides insights on the necessary information for predicting the electric energy demand precisely. The demand shows a high dependence on the traffic control and the traffic volume, especially in urban driving situations. This is due to the fact that constant driving at approximately 50 km/h, which is characteristic for urban driving situations, has the lowest energy demand. On the other side, in heavily influenced driving situations the frequent stopping and accelerating leads to high energy demands. This is mainly due to the high demands for overcoming the inertia of the vehicle, the resulting losses within the powertrain and equally high losses within the regeneration. The consequential energy demands are on a comparable high level as those of highway driving situations. At highway speeds, especially the overcoming of the air resistance leads to high energy demands. Subsequently, for the urban driving situations, a correlation between the average driven speed and the energy demand is derived. By using this correlation, an exact prediction of the electric energy demand is possible. One of the advantages of this correlation is that in contrast to information about the traffic control or the traffic volume the information about the average driven speed is available in current navigation systems. By that, it can be implemented more easily.

In combination with the additional knowledge of the driving route, this information can be used for calculating the driving time. This is decisive for determining the energy demand of the auxiliary components. This energy demand can be simplified by an initial high load for mostly cooling or heating the cabin of the car, the needed time for this initial phase and a following, lower auxiliary load.

As the investigations on the influence of the road gradient on the electric energy demand show, the part dependent on the road gradient can be considered separately from the previously mentioned influences. This finding considerably simplifies a subsequent prediction of the energy demand. Especially the knowledge about the overall altitude difference of the trip is important. Small in- and declines of about 3 % without an overall altitude difference can be neglected. Based on the mentioned information and the explained correlations, an accurate prediction of the energy requirement for urban, locally emission-free driving is possible.

In the second part of the analyses, the influence of driving conditions on the fuel-efficient conditioning of the state of charge of the traction battery is investigated. Thus, fuel optimal control strategies are calculated via dynamic programming for the generated driving situations. For the comparability of the different charging and discharging strategies, a state of charge gradient is introduced. This gradient indicates the charge or discharge over the distance of the driving situation. Via different gradients, the boundaries for the state of charge of the traction battery at the beginning and the end of the driving situations are set up. By that, different charging and discharging strategies are displayed. Between these boundary conditions, the optimal control strategy can freely set the state of charge within the safe operation limits of the traction battery. The resulting fuel demands show which driving situations are suitable for charging and which for discharging. Based on these results, it can be deduced which information about the route ahead must be known and how these information should be used in order to be able to implement a corresponding fuel-efficient operating strategy.

As the calculated fuel consumptions reveal, the highest efficiency gain is achieved by the lowest possible state of charge gradient for both charging and discharging. In addition, the gradient should be as constant as possible over driving situations which are comparable regarding their characteristics of the traffic control, the traffic volume and the driving characteristics. Deviations from this relationship in form of an increased usage of electric energy should be made in case of low driving demands, which are frequently encountered in traffic jams. Even raising the state of charge via load point shifting ahead of such driving situations is advantageous. A further increase of this charging and discharging behavior subsequently leads to a strategy, which raises the state of charge for local emission-free driving in urban areas. Even though, the fulfillment of purely electric driving is only to a limited extent efficient, the calculated fuel consumptions show in some cases advantages over maintaining the state of charge. In particular, this is possible if the load points of the rural or highway-driving situations are low enough, so that the operating strategy has sufficient freedom to operate the internal combustion engine in load points, which are naturally aspirated and not turbocharged. Depending on the driving demands, such driving situations still have sufficient potential for an efficient raise of the state of charge. In consequence, the lower the potential of the driving situation is, the longer the distance has to be to enable such an operating strategy efficiently and vice versa. Driving situations, which are characterized by high speeds, strong accelerations and decelerations or high inclines of the road gradients only have a small potential for such an operating strategy. In these cases the available potential for efficient charging is used for decreasing the peak loads to enable an overall acceptable efficiency. Despite the explained situations, the calculated fuel efficiencies have not revealed further significant dependencies of the traffic control, the traffic volume and the driving characteristics. Thus, the predictive information about the speed limits, the traffic jams and, to a certain extent, the driving characteristics are deduced as significant for operating strategies to fulfill the aforementioned objectives.

Finally, the validity of the correlations is demonstrated by implementing them in a predictive operating strategy. For this purpose, the achievement of the objectives is evaluated by comparing the implemented predictive operating strategy with a causal operating strategy.

The predictive operating strategy is designed to enable a high fuel efficiency, which is the main reason for the current development of hybrid electric vehicles and therefore set as the primary goal. The secondary goal is the emission-free driving in urban areas in order to reduce the pollution locally. This second objective is enabled if it can be aligned with the fulfillment of the primary goal. In case of a low state of charge at the beginning of the ride this is particularly problematic. This problem is taken into account by limiting the maximum incline of the aforementioned state of charge gradient. Furthermore, especially in these cases it is crucial to consider the limits of the powertrain components, inparticular the ones of the traction battery. Therefore, the predictive control strategy must take the length, the possible charging potential and the sequence of the different driving situations into account. The predictive control strategy is designed in such a way that purely electric driving is only requested in urban areas if the calculated energy demand is lower than the one which is available in the traction battery. In addition to this calibration, purely electric driving is only inquired in the last urban driving situation ahead of the destination, if additionally a specific degree of certainty is given. In this manner, late internal combustion engine starts are prevented, which may occur while parking the vehicle.

Based on the essential inputs of the predicted speed limits, the average driven speeds and the profile of the altitude the predictive operating strategy is implemented. In the first step, the algorithms of the strategy calculate the energy demand for purely electric driving in the urban areas. The results of these calculations are used in the following step to plan the trajectory of the state of charge for the route ahead. If the traction battery is sufficiently charged, the vehicle is driven purely electric in the urban areas. In the other driving situations, the hybrid operation modes are purposefully selected by the difference of the planned and the current state of charge. If the actual state is higher than the planned one, more electric energy is used to save fuel. By a lower actual state, correspondingly less electric energy is used. In case of greater differences between the planned trajectory and the current state of charge, the aforementioned steps regarding the calculations are repeated. This is for example the case in long declines due to high regeneration or in case of congestion with low loads, in which electric energy is increasingly used to enable a high fuel efficiency.

The achievement of the aforementioned objectives is evaluated by comparing the implemented predictive operating strategy with a causal operating strategy for a variety of different routes. The analyzed routes consists of at least one urban and one rural or highway driving situations. These driving situations are combined in such a way that all possible positions are covered and, thus, none of the strategies is favored. In addition, different states of charge at the beginning of the routes are considered. The results obtained of the calculated fuel consumptions and the proportion of urban electric driving confirm the validity of the previously deduced relationships. In comparison to the causal control strategy, the purposefully selection of the operating modes of the predictive control strategy not only reduces the fuel consumption on average, but also leads to a reduction of the emissions in populated areas. Even if a fulfillment of the objectives can be achieved on average, the operation strategy is changed by the inclusion of the predictive information and thus can lead to deterioration, especially in case of incorrect information. As the results show in addition, these possible deteriorations are limited by the calibration of the predictive control strategy.

1 Motivation und Zielsetzung

Durch die gestiegenen Anforderungen der Gesellschaft zur Schonung fossiler Rohstoffe [13] einhergehend mit dem gleichbleibenden Wunsch nach individueller Mobilität werden die Antriebsstränge heutiger Kraftfahrzeuge zunehmend elektrifiziert und teilweise durch rein elektrische Antriebsstränge ersetzt. Schon die geringe Elektrifizierung des Antriebs bietet den Vorteil, die Effizienz durch die Rekuperation von Bremsenergie und den gezielten Einsatz der Energiewandler zu steigern [26] und damit den Bedarf an fossilen Rohstoffen zu reduzieren. Stärker elektrifizierte Fahrzeuge mit der Möglichkeit zum externen Nachladen der Traktionsbatterie sowie rein elektrische Fahrzeuge bieten darüber hinaus die Möglichkeit lokal emissionsfrei zu fahren. Dies ist mit der Einschränkung zu betrachten, dass diese Fahrzeuge ebenfalls Bremsen- und Reifenabrieb aufweisen, welche einen deutlichen Teil der Emissionen eines Fahrzeugs ausmachen [18, 67]. Durch die Möglichkeit zur Rekuperation wird jedoch weniger Energie über die Reibbremse umgesetzt und dadurch werden auch hier die Emissionen reduziert. Das bis auf den genannten Abrieb lokal emissionsfreie Fahren bietet den Ausblick, durch den zunehmend stärkeren Einsatz von erneuerbaren Energiequellen zur Bereitstellung des Stroms, die fossilen Rohstoffe zu schonen und einen Großteil der Mobilität klimaneutral zu ermöglichen.

Plug-in-Hybridfahrzeuge sind ein wichtiger Bestandteil zur Erreichung dieser Ziele. Diese Fahrzeuge ermöglichen zum Einen durch einen effizienten Hybridbetrieb eine Reduktion des Kraftstoffbedarfs und zum Anderen das lokal emissionsfreie Fahren in bewohnten Gebieten. Eine hohe Ausnutzung der sich hierbei bietenden Potenziale kann durch den intelligenten Einsatz der Betriebsweisen bei Verwendung von prädiktiven Informationen über die vorausliegende Fahrstrecke erreicht werden, die beispielhaft in Abbildung 1.1 gezeigt werden. Um die dafür essentiellen prädiktiven Informationen zu kennen sowie wie diese eingesetzt werden müssen, wird in dieser Arbeit das notwendige Verständnis geschaffen. In Simulationsstudien werden die Einflüsse von den Fahrbedingungen wie der Fahrweise, des Verkehrsaufkommens, der Verkehrsregelung und der Umgebungsbedingungen auf den

© Der/die Autor(en), exklusiv lizenziert durch
Springer Fachmedien Wiesbaden GmbH, ein Teil von Springer Nature 2021
T. Schürmann, *Untersuchungen zum kraftstoffeffizienten und lokal emissionsfreien Betrieb paralleler Plug-in- Hybridfahrzeuge und zur Auslegung darauf basierender, prädiktiver Betriebsstrategien*, Wissenschaftliche Reihe Fahrzeugtechnik Universität Stuttgart, https://doi.org/10.1007/978-3-658-34756-7_1

Abbildung 1.1: Mögliche Informationen über die vorausliegende Strecke zur Verwendung in prädiktiven Betriebsstrategien

rein elektrischen Betrieb sowie den kraftstoffeffizienten Hybridbetrieb des Fahrzeugs untersucht. Auf Basis der aus den Analysen hervorgehenden Zusammenhänge wird anschließend eine prädiktive Betriebsstrategie umgesetzt und im Vergleich zu einer kausalen Betriebsstrategie bewertet.

Zunächst werden die notwendigen und den Stand der Technik entsprechenden Grundlagen über Hybridfahrzeuge und deren Betriebsstrategien in Kapitel 2 erläutert. Des Weiteren werden Verkehrssimulationen vorgestellt, die eine wiederholbare und parametrierbare Beeinflussung der genannten Fahrbedingungen ermöglichen. Die für diese Arbeit ausgewählte Verkehrssimulation wird zusammen mit der Längsdynamiksimulation des betrachteten Versuchsträgers in Kapitel 3 näher erläutert. Nachfolgend wird in Kapitel 4 die genaue Parametrierung der Verkehrssimulation beschrieben. Diese wird so ausgeführt, dass mögliche reale Fahrbedingungen weitestgehend mit den generierten Fahrten abgedeckt werden. Es ergibt sich der Vorteil, dass die Fahrten über die zugrunde liegenden Parametrierungen eindeutig hinsichtlich der Fahrbedingungen beschrieben werden können. Dadurch kann der Einfluss dieser Fahrbedingungen auf den Energiebedarf zum rein elektrisch Fahren gezielt in Kapitel 5 untersucht werden. Über den sich ergebenden Zusammenhang werden die für eine Vorhersage des Energiebedarfs notwendigen Informationen abgeleitet. In Kapitel 6 werden die Sensitivitäten der Fahrbedingungen auf den kraftstoffeffizienten Hybridbetrieb analysiert. Zu diesem Zweck werden für die Fahrten kraftstoffoptimale Betriebsstrategien mit Optimierungsverfahren berechnet. Anhand der bestimmten Kraftstoffbedarfe werden die für einen Lade- beziehungsweise Entladebetrieb geeigneten Fahrsituationen identifiziert und daraus die notwendigen prädiktiven Informationen abgeleitet. Basierend auf den hierbei gewonnenen Zusammenhängen wird in Kapitel 7 eine prädiktive Betriebsstrategie umgesetzt. Diese wird anschließend im Vergleich zu einer kausalen Betriebsstrategie hinsichtlich der Reduktion des Kraftstoffbedarfs sowie der Steigerung der lokal emissionsfreien Fahrt bewertet. Mit dieser Umsetzung und Bewertung wird gleichzeitig die Gültigkeit der zuvor hergeleiteten Zusammenhänge überprüft.

2 Stand der Technik

2.1 Hybridfahrzeuge

Der Antriebsstrang von Hybridfahrzeugen zeichnet sich durch die Kombination von mindestens zwei verschiedenen Energiewandlern mit den jeweiligen Energiespeichern aus [20]. Aktuelle Serien- und Forschungsfahrzeuge bestehen zumeist aus einem Verbrennungsmotor (VM) mit Kraftstofftank sowie einer oder mehrerer elektrischer Maschinen (EM) mit Traktionsbatterie. Verschiedene topologische Anordnungen der Komponenten ermöglichen im Vergleich zu konventionellen Fahrzeugantrieben weitere Betriebsmodi, auf die die Betriebsstrategie des Fahrzeugs mit unterschiedlichen Zielsetzungen wie beispielsweise zur Erhöhung der Effizienz zugreift. Maßgeblich für die Auslegung der Betriebsstrategie sowie den resultierenden Betrieb ist der Elektrifizierungsgrad des Fahrzeugs. Die Antriebsstrangtopologien werden im Folgenden zuerst mit den sich ergebenden Betriebsmodi vorgestellt. Daran anschließend werden die möglichen Betriebsstrategien erläutert.

2.1.1 Antriebsstrangtopologien und Betriebsmodi

Je nach Auslegungsziel des Hybridfahrzeugs können die Antriebsstrangkomponenten so angeordnet werden, dass diese parallel, seriell oder leistungsverzweigt die Antriebsleistung bereitstellen. Ein **Parallelhybridfahrzeug** kann zeitgleich beide Antriebssysteme zum Vortrieb des Fahrzeugs einsetzen, siehe Abbildung 2.1. Dabei werden je nach Auslegung entweder die Drehmomente, die Zugkräfte oder die Drehzahlen der Energiewandler addiert. Die mechanische Leistung des VM wird damit direkt zum Antrieb genutzt. Zusätzlich kann auf diese Weise der Lastpunkt des VM bei höheren Anforderungen durch Unterstützung der EM zu geringeren Kraftstoffverbräuchen abgesenkt werden (Lastpunktabsenkung (LPab)). Überschreitet die angeforderte Last die Volllast des VM kann die EM im Boostbetrieb zusätzlich unterstützen und Antriebsleistung bereitstellen. Weiterhin kann der Ladezustand der Trak-

T. Schürmann, *Untersuchungen zum kraftstoffeffizienten und lokal emissionsfreien Betrieb paralleler Plug-in- Hybridfahrzeuge und zur Auslegung darauf basierender, prädiktiver Betriebsstrategien*, Wissenschaftliche Reihe Fahrzeugtechnik Universität Stuttgart, https://doi.org/10.1007/978-3-658-34756-7_2

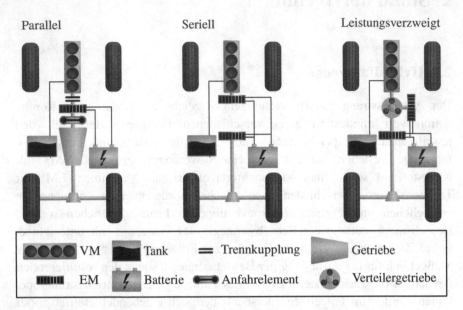

Abbildung 2.1: Antriebsstrangtopologien von Hybridfahrzeugen

tionsbatterie konditioniert werden, indem der Lastpunkt des VM angehoben wird und die zusätzlich Leistung generatorisch über die EM abgesetzt wird (Lastpunktanhebung (LPan)). Insgesamt lässt sich die sogenannte Lastpunktverschiebung (LPV) so einsetzen, dass die Effizienz des Antriebs gesteigert wird. Je nach Leistungsvermögen der elektrischen Antriebskomponenten kann das Fahrzeug auch rein elektrisch betrieben werden. Nach Möglichkeit wird hierbei der VM vom weiteren Antriebsstrang abgekuppelt, um dessen Schleppverluste zu vermeiden. Im besonderen Maße wird die Effizienz des gesamten Antriebs durch die Möglichkeit zur Rekuperation der Bremsenergie erhöht. Die bei konventionellen Fahrzeugen in Reibwärme umgewandelte Energie kann durch den generatorischen Betrieb der EM anteilig in die Traktionsbatterie geladen werden und steht damit zum späteren Antrieb zur Verfügung. Diese Betriebsmodi zeigen zum einen die Komplexität eines Hybridfahrzeugs auf, dabei zeitgleich aber auch die Möglichkeiten, mit denen das Fahrzeug je nach Zielsetzung mit anderer Ausprägung betrieben werden kann.

Je nach Anordnung der EM im Antriebsstrang, von der Kurbelwelle des VM bis hin zu der nicht vom VM angetriebenen Achse, werden die Betriebsmodi unterschiedlich stark ausgeprägt. Nach der Definition von Hofmann [39] ist bei einem P1-Hybridfahrzeug die EM drehfest mit dem VM verbunden und eignet sich damit für die Grundfunktionen LPV und Boosten, siehe Abbildung 2.2. Elektrisches Fahren und damit ebenfalls Rekuperation sind nur in Verbindung mit den Schleppverlusten des VM möglich. Durch die

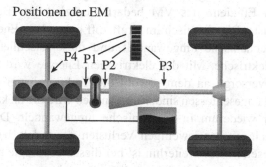

Abbildung 2.2: Bezeichnung paralleler Antriebsstrangtopologien

Anordnung der EM nach dem Anfahrelement kann ein P2-Hybridfahrzeug durch das Abkuppeln des VM effizient rein elektrisch betrieben werden. Weiterhin ist die LPV bei geschlossenem Anfahrelement ebenfalls ohne größere Wirkungsgradverluste möglich. Zur Vermeidung der Getriebeverluste bei elektrischer Fahrt und Rekuperation wird die EM bei P3-Hybridfahrzeugen auf die Getriebeausgangswelle gelegt. In diesem Fall ist die EM auf ein größeres Drehzahlband auszulegen. Für die LPV bedeutet diese Anordnung, dass die Verluste des Getriebes sowie des Anfahrlements mitzubetrachten sind. Beim P4-Hybridfahrzeug ist die EM auf der nicht vom VM angetriebenen Achse angeordnet [39] und ermöglicht effizientes elektrisches Fahren. Im Hybridbetrieb werden die Zugkräfte der einzelnen Antriebsräder addiert. Bei der LPab ist das Fahrzeug damit allradgetrieben. Eine LPan zum Laden der Traktionsbatterie ist theoretisch über die Straße möglich, jedoch praktisch aus Fahrbarkeits- und Effizienzgründen nur eingeschränkt sinnvoll. Darüber hinaus sind beliebige Kombinationen der vorgestellten Anordnungen der EM im Antriebsstrang möglich. Beispielsweise ermöglicht ein P14-Hybridfahrzeug die Rekuperation über beide Achsen. In allen parallelen Auslegungen ist jedoch die Drehzahl des

VM, bis auf den Kupplungsbetrieb, an die Raddrehzahl gebunden und kann nur über Getriebestufen verändert werden.

Eine drehzahlunabhängige Wahl des Betriebspunktes des VM wird im **seriellen Hybridfahrzeug** realisiert. Wie in Abbildung 2.1 zu sehen ist, ist der VM direkt an einen Generator gekoppelt. Neben der freien Wahl des Drehmoments kann auf diese Weise auch die Drehzahl des VM unabhängig von der Fahrzeuggeschwindigkeit eingestellt werden. Die dadurch erzielbare hohe Effizienz des VM bedarf zusätzlich der Betrachtung der Wandlungsverluste. Die chemisch im Kraftstoff gebundene Energie wird über den VM in mechanische umgewandelt und diese anschließend mit dem Generator in elektrische. Mit der elektrischen Energie wird das Stromnetz des Fahrzeugs versorgt, an dem sowohl die Traktionsbatterie als auch die antreibende EM angeschlossen sind. Zum Antrieb wird die elektrische Energie über diese EM wiederum in mechanische umgewandelt. Damit wird die Energie mehrfach mit den jeweiligen Verlusten gewandelt, bevor diese zum Antreiben eingesetzt wird. Weiterhin ist bei dieser Topologie nachteilig, dass alle drei Energiewandler auf die erforderliche Dauerlast ausgelegt sein müssen. Dadurch wird das System zum einen recht schwer und zum anderen benötigt es viel Bauraum, wenngleich Getriebe und Gelenkwellen entfallen können. Bei geringen Dauerlasten, wie sie üblicher Weise im innerstädtischen Betrieb beispielsweise bei Stadtbussen auftreten, können die Komponenten kleiner dimensioniert und das serielle Hybridsystem effizient eingesetzt werden.

Beim **leistungsverzweigten Hybridfahrzeug** wird die Leistung des VM über einen elektrischen sowie über einen mechanischen Pfad zur Antriebsachse übertragen. Dazu ist der VM mit mindestens zwei EM über ein Verteilergetriebe verbunden, wie in Abbildung 2.1 zu sehen ist. Der mechanische Pfad besteht aus dem VM, dem Verteilergetriebe und einer EM. Dieser Pfad wird zum Vortrieb des Fahrzeugs genutzt und weist einen hohen Wirkungsgrad auf. Der elektrische Pfad fungiert mit dem Verteilergetriebe, einer generatorisch betriebenen EM sowie weiterer Hochvoltkomponenten als stufenloses Getriebe. Dieses Getriebe ermöglicht eine von der Fahrzeuggeschwindigkeit weitestgehend unabhängige Wahl des Betriebspunktes des VM. Durch die doppelte Energiewandlung weist der elektrische Pfad jedoch einen im Vergleich zum mechanischen Pfad geringen Wirkungsgrad auf. Die Aufteilung der Leistung auf beide Pfade bedarf einer komplexen Antriebsstrangsteuerung und ist abhängig von der aktuellen Fahrsituation. Die Fahrsituation bedingt damit maßgeblich die Effizienz des Antriebs. Besonders Autobahnfahrten mit hohen Fahrzeuggeschwindigkeiten haben hohe elektrische Verluste zur Folge, wohingegen innerstädtische Betriebspunkte geringe elektrische Verluste aufweisen [11].

2.1.2 Elektrifizierungsgrad von Hybridfahrzeugen

Maßgeblich für den Elektrifizierungsgrad von Hybridfahrzeugen ist die elektrische Leistung der EM sowie der Energieinhalt der Traktionsbatterie. Limitiert ist die mögliche elektrische Leistung unter Berücksichtigung des technischen Aufwands vor allem durch die Netzspannung des angeschlossenen Bordstromnetzes. Bei einer konventionellen 12 V-Bordnetzspannung kann ein VM-Start-Stopp-Betrieb sowie eine eingeschränkte Rekuperation realisiert werden. Zur besseren Ausnutzung der Potenziale der Rekuperation sowie der LPV werden 48 V-Bordnetzspannungen eingesetzt. Die dadurch mit überschaubarem Aufwand [39] erreichten höheren Leistungen der EM ermöglichen zudem den Boostbetrieb sowie in einigen Fällen das Kriechen. Zum Einsatz kommen hier im Vergleich zu den 12 V-Bleibatterien vor allem Lithium-Ionen-Batterien mit einer Kapazität von 0,2-3 kWh [12, 91]. Zusätzlich ist das System ausreichend weit unterhalb der Berührschutzgrenze von 60 V ausgelegt. Trotz teurer Sicherungsmaßnahmen lohnt sich ebenfalls der Einsatz von Hochvolt (HV)-Systemen in Hybridfahrzeugen, da die so möglichen höheren elektrischen Leistungen elektrisches Fahren und damit eine weitere Maximierung der Kraftstoffeffizienz ermöglichen. Von dem jeweiligen Fahrzeugbetrieb hängt allerdings ab, ob sich das höhere Fahrzeuggewicht aufgrund der Auslegung auf HV in Form von geringeren Kraftstoffbedarfen lohnt. Wie in den zuvor genannten Hybridfahrzeugen mit niedrigeren Bordnetzspannungen werden auch hier Traktionsbatterien verwendet, die nicht die Möglichkeit zum externen Laden besitzen. Diese Fahrzeuge funktionieren autark (**autarke Hybridfahrzeuge**). Dabei wird der Ladezustand der Traktionsbatterie mit einem intelligenten Energiemanagement innerhalb der Betriebsgrenzen im sogenannten Ladungserhaltungsbetrieb eingeregelt.

Für weitere Zielsetzungen wie lokal emissionsfreies Fahren werden HV-Batterien verwendet, die auf deutlich höhere Reichweiten ausgelegt sind und extern nachgeladen werden können. Dabei sind auch die weiteren elektrischen Antriebsstrangkomponenten dieser sogenannten **Plug-in-Hybridfahrzeuge** (englisch: Plug-in Hybrid Electric Vehicles (PHEVs)) leistungsfähiger dimensioniert. Damit ermöglichen diese Fahrzeuge eine Vielzahl der kurzen gefahrenen Strecken elektrisch zurückzulegen und lange Strecken ohne Einschränkungen hinsichtlich der Ladeinfrastruktur zu bewältigen. Diesen Vorteilen steht das durch die leistungsfähiger dimensionierten Komponenten gestiegene Fahrzeuggewicht gegenüber, welches die Effizienz im Ladungserhaltungsbetrieb im Vergleich zu autarken HV-Hybridfahrzeugen verringert. Damit ist die Effizienz von PHEVs nochmal stärker von der Betriebsstrategie sowie der Fahrzeugnutzung abhängig, wie in den folgenden Kapiteln weiter erläutert wird.

Den höchsten Elektrifizierungsgrad weisen **Range Extender Fahrzeuge** auf. Bei diesen Hybridfahrzeugen ist der Hauptantrieb elektrisch umgesetzt. Der VM ist meist wie beim seriellen Hybridfahrzeug zur freien Wahl des Betriebspunktes direkt mit einem Generator verbunden. Die Ladeeinheit ist jedoch auf deutlich geringere Dauerlasten ausgelegt und dient zur Reichweitenverlängerung. Bei Bedarf kann diese Einheit hinzugeschaltet werden, um das Stromnetz zu stützen. Obwohl der VM aufgrund des phlegmatisierten Betriebs möglichst einfach gehalten werden kann, ist der Aufwand insbesondere hinsichtlich des Bauraums und Gewichts hoch im Vergleich zu dem Nutzen, dass eine geringere Abhängigkeit von der Ladeinfrastruktur besteht. Bei einem geringen Ladezustand der HV-Batterie ist die durchschnittliche Antriebsleistung auf die Dauerlast der Ladeeinheit begrenzt, was die Fahrdynamik erheblich einschränken kann.

2.2 Betriebsstrategien

Beim Betreiben von Hybridfahrzeugen ist zu jedem Zeitpunkt die Entscheidung zu treffen, wie die Fahranforderung auf die Energiewandler aufgeteilt wird. Sowohl die Ausgestaltung des Hybridbetriebs als auch die Entscheidungen für rein elektrischen Fahrt finden sich zusammengenommen in der

Lastaufteilung zwischen EM und VM wieder. Bei den im Folgenden näher betrachteten P2-Hybridfahrzeugen ist wie bei den weiteren parallelen Hybridfahrzeugen zusätzlich der Gang des Getriebes zu wählen. Da diese Auswahl jedoch in aktuellen Serienfahrzeugen häufig vorgelagert von der Getriebesteuerung getroffen wird, wird diese zusätzliche Dimension zur Reduktion der Komplexität hier nicht weiter in der Betriebsstrategieentscheidung betrachtet. Damit ist für jeden Betriebszustand nur eine feste Drehzahl zu berücksichtigen. Die Lastaufteilung und damit die Steuergröße u der Betriebsstrategie wird hier aufgrund der gleichen Drehzahl von EM und VM für P2-Hybridfahrzeuge über die Drehmomente definiert [36]:

$$u = \frac{T_{EM}}{T_{EM} + T_{VM}}, u \in (-\infty, 1] \qquad \text{Gl. 2.1}$$

Im Fall von $u = 1$ wird das Fahrzeug rein elektrisch betrieben. Bei $0 < u < 1$ wird der Betriebspunkt des VM abgesenkt. Im Fall von $u < 0$ wird der Betriebspunkt angehoben und die Traktionsbatterie geladen.

Durch den Freiheitsgrad zur Aufteilung lassen sich hinsichtlich Agilität und Effizienz vielseitige Strategien darstellen. Die Abwägung zwischen den Zielsetzungen ist bei der Auslegung der Betriebsstrategie zu treffen. Zur Reduzierung von Kraftstoffverbrauch und Emissionen liegt das Augenmerk aktueller Forschungen und Entwicklungen sowie dieser Arbeit auf kraftstoffeffizienten Betriebsstrategien. Diese zeichnen sich im Ladungserhaltungsbetrieb durch eine effiziente Wahl der Betriebsmodi aus. Dabei ist die Traktionsbatterie als Energiepuffer zu sehen, der nur über die Energie aus dem Kraftstoff gespeist werden kann und zur Erhöhung der Effizienz eingesetzt wird. Der mögliche Stellhebel der Betriebsstrategie zur Effizienzsteigerung ist neben der elektrischen Leistung besonders von der Batteriekapazität abhängig. Mit der Möglichkeit zur externen Nachladung der Traktionsbatterie kommt bei einem hohen Ladezustand die Frage auf, welche Energiequelle primär zu nutzen ist. Mit dem übergeordneten Ziel lokal die Emissionen zu reduzieren wird bei ausreichend elektrischer Leistung das Fahrzeug primär rein elektrisch betrieben. Von dieser Auslegung kann nur bei der Kenntnis weiterer Informationen wie beispielsweise der Fahrstrecke sinnvoll abgewichen werden.

Weiterhin bedürfen Betriebsstrategien zur Realisierung einer hohen Effizienz einer entsprechenden Nutzung durch den Fahrer. Dieser kann die Wahl der Betriebsmodi über seine Fahranforderungen indirekt beeinflussen. Manche Betriebsstrategien geben dem Fahrer darüber hinaus die Möglichkeit, bestimmte Betriebsmodi bei Verfügbarkeit direkt auszuwählen. Um hierbei eine effiziente Wahl zu treffen, ist ein umfängliches Verständnis des Antriebsstrangs und dessen Effizienz im Fahrbetrieb Voraussetzung.

Umgesetzt werden die Betriebsstrategien auf zwei Arten. Es gibt zum einen Betriebsstrategien, die mittels Optimierungen die genaue Lastaufteilung festlegen, und zum anderen diejenigen, in denen zur Entscheidungsfindung beschreibende Zusammenhänge hinterlegt sind.

2.2.1 Optimierungsbasierte Betriebsstrategien

Die Lastaufteilung lässt sich im Fahrzeugbetrieb mit lokalen Optima von definierten Zielgrößen bestimmen. Im Fall der **Equivalent Consumption Minimization Strategy (ECMS)** werden dazu die jeweiligen äquivalenten Kraftstoffverbräuche $\dot{m}_{\ddot{a}qu}$ für alle im aktuellen Zeitschritt möglichen Lastverteilungen u berechnet. Der äquivalente Kraftstoffverbrauch setzt sich aus dem Kraftstoffmassenstrom des VM $\dot{m}_{KS}$ sowie der Batterieleistung P_{Batt} zusammen, die in einen äquivalenten Kraftstoffverbrauch $\dot{m}_{Batt}$ umgerechnet ist [64].

$$\dot{m}_{\ddot{a}qu}(u(t),t) = \dot{m}_{KS}(u(t),t) + \dot{m}_{Batt}(u(t),t) \qquad \text{Gl. 2.2}$$

Eine mögliche, dabei zugrunde liegende Idee ist, dass bei autarken Hybridfahrzeugen aktuelles Entladen der Batterie später einen Kraftstoffmehrverbrauch zum Ladungsausgleich bedingt sowie im Fall aktuellen Ladens ein erhöhter Kraftstoffverbrauch zu späteren Einsparungen führt. Der äquivalente Kraftstoffverbrauch $\dot{m}_{Batt}$ bestimmt sich abhängig vom Betriebszustand der EM über die mittleren Wirkungsgrade der elektrischen Antriebsstrangkomponenten $\bar{\eta}_{EM}$ und $\bar{\eta}_{Batt}$ sowie dem mittleren spezifischen Kraftstoffverbrauch $\bar{b}_e$ des VM [32, 64].

$$\dot{m}_{Batt}(u(t),t) = \begin{cases} \bar{\eta}_{EM,mot} \cdot \bar{\eta}_{Batt,Entladen} \cdot \bar{b}_e \cdot P_{Batt}, & P_{Batt} < 0 \\ \dfrac{\bar{b}_e \cdot P_{Batt}}{\bar{\eta}_{EM,gen} \cdot \bar{\eta}_{Batt,Laden}}, & P_{Batt} \geq 0 \end{cases} \qquad \text{Gl. 2.3}$$

Beim Laden der Batterie und damit negativer Batterieleistung P_{Batt} verringert sich das Kraftstoffäquivalent $\dot{m}_{äqu}$ um den Betrag, der später unter der Beachtung der Antriebswirkungsgrade $\bar{\eta}_{EM,mot}$ und $\bar{\eta}_{Batt,Entladen}$ eingespart werden kann. Im Falle des Entladens erhöht sich das Kraftstoffäquivalent entsprechend um den Betrag, der später unter Beachtung der Ladewirkungsgrade $\bar{\eta}_{EM,gen}$ und $\bar{\eta}_{Batt,Laden}$ zum Ladungsausgleich aufgewendet werden muss. Die Berechnungen des äquivalenten Kraftstoffbedarfs werden auf den Vektor der möglichen Steuergrößen des aktuellen Zeitschritts angewendet. Über den sich ergebenden minimalen äquivalenten Kraftstoffverbrauch wird die Steuergröße u für den aktuellen Zeitschritt bestimmt. Veranschaulicht ist dieser Zusammenhang für einen Zeitpunkt t in Abbildung 2.3. Um auch bei

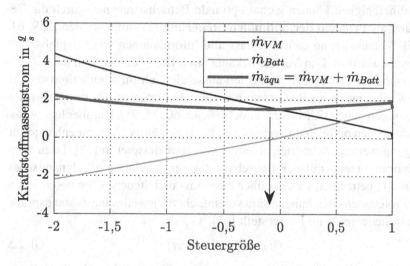

Abbildung 2.3: Bestimmung der Steuergröße u über das Minimum des Kraftstoffäquivalents $\dot{m}_{äqu}$ für eine feste Drehzahl und eine Grundlast für einen Zeitpunkt

gleichbleibenden Fahranforderungen eine Ladungserhaltung einzuregeln, wird der äquivalente Kraftstoffverbrauch $\dot{m}_{Batt}$ in Abhängigkeit der Differenz zwischen dem Ist-Ladezustand und dem Soll-Ladezustand uber den Korrekturterm p angepasst [32].

$$\dot{m}_{äqu}((u(t),t) = \dot{m}_{KS}((u(t),t) + \dot{m}_{Batt}(u(t),t) \cdot p(SOC) \qquad \text{Gl. 2.4}$$

Mit dem Korrekturterm wird bei einem hohen Ladezustand der Einsatz der elektrischen Energie vergünstigt sowie bei einem niedrigen Ladezustand die Kosten erhöht. Auf diese Weise können zum einen die Wirkungsgradänderungen der Batterie über den Ladezustand berücksichtigt werden und zum anderen kann die Batterie in ihren Betriebsgrenzen betrieben werden. Aufgrund der Abhängigkeit der Leistungsfähigkeit der ECMS von den Äquivalenzfaktoren gibt es verschiedene Varianten, um die Faktoren basierend auf weiteren Informationen genauer zu bestimmen. Auf diese Varianten wird im weiteren Verlauf dieses Kapitels näher eingegangen.

Die mit der ECMS im Fahrbetrieb bestimmte und eingeregelte Folge lokaler Minima ergibt nicht zwangsläufig globale Optimalität [68, 78]. Mit Aufgabe der Onlinefähigkeit können global optimale Betriebsstrategien durch die Betrachtung als **Problem der optimalen Steuerung** bestimmt werden [2, 9, 61, 68, 77]. Voraussetzung dafür ist, dass alle Informationen wie beispielsweise das genaue Fahrprofil im Vorfeld bekannt sind. Daher eignen sich die auf diesen Annahmen basierenden Strategien ausschließlich für Simulationsstudien. Diese werden meist zur Bewertung von Betriebsstrategien wie beispielsweise der zuvor genannten ECMS verwendet [38, 45, 60, 75, 95]. Darüber hinaus lassen sich aus den optimalen Ergebnissen allgemeingültige Zusammenhänge zur Auslegung weiterer Strategien ableiten, wie zum Beispiel in [32]. Dazu wird das Hybridfahrzeug mit der Betriebsstrategieentscheidung als dynamisches System $\dot{x}(t)$ betrachtet, welches über Zustands- und Steuergrößen beschrieben ist. Die folgenden Gleichungen sind vereinfacht für jeweils eine Zustandsgröße $x(t)$ und Steuergröße $u(t)$ aufgestellt [61].

$$\dot{x}(t) = f(x(t), u(t), t) \hspace{3cm} \text{Gl. 2.5}$$

Im betrachteten Fall der Betriebsstrategieentscheidung stellt die Lastaufteilung zwischen EM und VM die Steuergröße dar. Die grundlegende Zustandsgröße $x(t)$ des Systems ist der Ladezustand (englisch: State of charge (SOC)) der Traktionsbatterie. Über weitere Zustände können ebenso die Startkosten des VM sowie die Temperaturverläufe einzelner Antriebsstrangkomponenten abgebildet werden. Insgesamt umfasst die Problemstellung die Ermittlung des optimalen Steuergrößenverlaufs $u^*(t)$ im Zeitintervall $[t_0, t_f]$, für den die Kostenfunktion J minimal wird [68].

$$\min_{u(t)} J(u(t)) \hspace{3cm} \text{Gl. 2.6}$$

$$J = \Phi(x(t_f), t_f) + \int_{t_0}^{t_f} L(x(t), u(t), t)dt \qquad \text{Gl. 2.7}$$

Mittels der Zielfunktion sind verschiedene Zielsetzungen zu erreichen. Zur Ermittlung kraftstoffoptimaler Betriebsstrategien bildet der Term $L(x(t), u(t), t)$ den Kraftstoffverbrauch des Hybridfahrzeugs ab. Neben weiteren Zielsetzungen wie beispielsweise den Emissionen des Fahrzeugs können über Gewichtungsfaktoren auch Kombinationen mehrerer Ziele gleichzeitig betrachtet werden [19, 89, 100]. In diesen Fällen hängt das Ergebnis stark von der Wahl der Gewichtungsfaktoren ab. Zur Einhaltung bestimmter Endzustände x_f des Systems beinhaltet die Zielfunktion den Term $\Phi(x(t_f), t_f)$, welcher zur strikten Einhaltung wie folgt formuliert wird:

$$\Phi(x(t_f), t_f) = \begin{cases} 0, & x(t_f) = x_f \\ \infty, & x(t_f) \neq x_f \end{cases} \qquad \text{Gl. 2.8}$$

Das Zeitintervall $[t_0, t_f]$ ist über die Dauer des betrachteten Fahrzyklus bestimmt. Weiterhin sind die folgenden Grenzen und Randbedingungen der Zustände und Steuergrößen zu beachten. Diese müssen im betrachteten Zeitraum jeweils Elemente des Steuergrößenraums $U(t)$ beziehungsweise des Zustandsgrößenraums $X(t)$ sein.

$$u(t) \in U(t) \forall t \in [t_0, t_f] \qquad \text{Gl. 2.9}$$

$$x(t) \in X(t) \forall t \in [t_0, t_f] \qquad \text{Gl. 2.10}$$

Darüber hinaus sind die Startwerte x_0 sowie die Entwerte x_f der Zustände festgelegt.

$$x(t_0) = x_0 \qquad \text{Gl. 2.11}$$

$$x(t_f) = x_f \qquad \text{Gl. 2.12}$$

Methoden zur Berechnung des Optimalsteuerungsproblems

Zur Ermittlung des optimalen Steuergrößenverlaufs werden numerische und analytische Methoden verwendet. Zu den analytischen Methoden zählt das **Pontrjaginsche Minimumsprinzip (PMP)** [42], welches für Optimalität notwendige Bedingungen verlangt. Diese sind zusätzlich hinreichend, wenn das Problem nur eine optimale Lösung hat, wie es bei der Betriebsstrategieentscheidung unter der Annahme einer konvexen Kostenfunktion der Fall ist [78].

Die erste der notwendigen und in diesem Fall hinreichenden Bedingungen besteht darin, dass der optimale Steuergrößenverlauf $u^*(t)$ die Hamiltonische Funktion H zu jedem Zeitpunkt t minimiert.

$$u^*(t) = \arg\min H(x(t), u(t), \lambda(t), t) \qquad \text{Gl. 2.13}$$

$$H(x(t), u(t), \lambda(t), t) = L(x(t), u(t), t) - \lambda(t) \cdot f(x(t), u(t), t) \qquad \text{Gl. 2.14}$$

Zur Ermittlung des kraftstoffoptimalen Steuergrößenverlaufs beschreibt die Funktion $L(x(t), u(t), t)$ den Kraftstoffmassenstrom des VM. Der Term $f(x(t), u(t), t)$ bildet die innere Leistung der Batterie ab, die über die Co-State-Variable $\lambda(t)$ gewichtet wird. Diese muss die folgende, zweite Bedingung erfüllen:

$$\dot{\lambda}(t) = -\lambda(t) \frac{\partial f(x(t), u(t), t)}{\partial x} \qquad \text{Gl. 2.15}$$

Mit der in gewissen Betriebsbereichen für Lithium-Ionen-Batterien zulässigen Annahme, dass der SOC der Batterie nicht vom Ladezustand abhängt [36], vereinfacht sich das dynamische System 2.5 zu:

$$\dot{x}(t) = f(u(t), t) \qquad \text{Gl. 2.16}$$

Dies führt unter Verwendung von Gl. 2.15 zu $\dot{\lambda}(t) = 0$, sodass die Co-State-Variable im zeitlichen Verlauf konstant ist. Zusammen mit der geforderten initialen Randbedingung $x(t_0) = x_0$ und der finalen Randbedingung $x(t_f) = x_f$ handelt es sich hierbei um ein Zweipunkt-Randwertproblem, welches numerisch über das sogenannte Schießverfahren gelöst werden kann. Bei diesem Verfahren wird der finale Randwert durch eine initiale Annahme von $\lambda = konst.$ ersetzt und der optimale Steuergrößenverlauf iterativ bestimmt, wie in Abbildung 2.4 veranschaulicht.

Wie in [78] gezeigt wird und ein Vergleich von Gl. 2.4 und Gl. 2.14 offenbart, ist die grundlegende Idee der ECMS und des PMP die Gleiche. In beiden Verfahren wird, auf lokale Entscheidungen heruntergebrochen, die Summe aus dem aktuellen Kraftstoffverbrauch sowie der über einen Faktor umgerechneten Batterieleistung minimiert. Wie mit dem PMP gezeigt, ist für

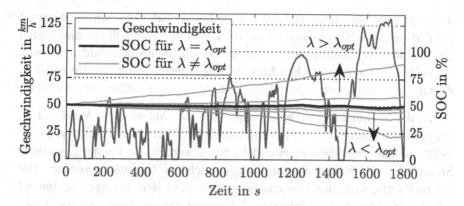

Abbildung 2.4: Iterative Bestimmung der Co-State-Variablen λ_{opt} des optimalen Steuergrößenverlaufs

die optimale Betriebsweise nur ein Faktor notwendig, der für die vorliegende Problemstellung näherungsweise als konstant angenommen werden kann. Daraus schließend können die zwei Äquivalenzfaktoren der ECMS auf einen reduziert werden, wie es unter anderem in [15, 41, 79, 82] angewendet wird.

Mit zunehmender Komplexität des Systems durch die zusätzliche Betrachtung weiterer Zustände erschwert sich bei dieser Methode die Bestimmung eines konvergierenden Anfangswerts und damit die Lösung des Optimalsteuerungsproblems. Weiterhin lassen sich bei dem PMP diskrete Zustandswechsel wie beispielsweise VM-Starts und Getriebeschaltungen nicht mit zusätzlichen Kosten beaufschlagen und können damit nicht abgebildet werden. Eine entsprechende Abbildung wird erst durch die Diskretisierung des Problems ermöglicht, wie es bei der **Dynamischen Programmierung** durchgeführt wird. Bei dieser numerischen Methode zur Ermittlung der global optimalen Lösung [7] wird das Problem hinsichtlich der Steuer-, Zeit- und Zustandsgrößen in Schrittweiten eingeteilt. Weiterhin wird dabei die einfachere Hinzunahme weiterer Zustandsgrößen ermöglicht, auch wenn dadurch das Problem in seiner Komplexität und dem Rechenbedarf exponentiell steigt. Die sich aus der Diskretisierung ergebenden Teilprobleme werden mithilfe des Optimalitätsprinzips von Bellmann [6] gelöst. Dieses besagt:

„Eine optimale Entscheidungsfolge hat die Eigenschaft, dass, wie auch immer der Anfangszustand war und die erste Entscheidung ausfiel, die verbleibenden Entscheidungen ebenfalls eine optimale Entscheidungsfolge bilden müssen, betrachtet über alle möglichen Entscheidungsfolgen, deren Anfang bei dem Zustand liegt, der aus der ersten Entscheidung resultiert" (übersetzt aus [6]).

Durch die Verwendung dieses Prinzips wird der Aufwand im Vergleich zu der erschöpfenden Suche [83] deutlich reduziert. Auf jeden Zustand wird der Vektor der Steuergrößen angewendet und es werden die aus der jeweiligen Steuerung resultierenden Kosten bis zum nächsten Zeitpunkt berechnet. Bei der rückwärtsgerichteten Umsetzung werden diese Berechnungen beginnend mit den Zuständen des vorletzten Zeitschritts durchgeführt, wie in Abbildung 2.5 veranschaulicht. Die für den jeweiligen Zustand abgespeicherten

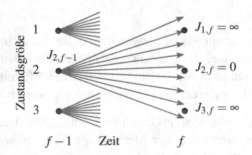

Abbildung 2.5: Rückwärtsgerichtete Dynamische Programmierung

Kosten $J_{x,f-1}$ ergeben sich unter Anwendung des Optimalitätsprinzips aus dem Minimum der aufzuwendenden Kosten, mit denen vom betrachteten Zustand aus das Ziel erreicht wird, siehe Gl. 2.17. Diese bestehen aus den resultierenden Kosten der aktuellen Steuerung $J_{(2,f-1)\rightarrow(f)}$ sowie den interpolierten Kosten J_f^*, mit denen vom nächsten Zustand aus gesehen das Ziel erreicht wird. In Abbildung 2.5 entspricht der nächste Zustand dem Zielzustand, für den harte Randbedingungen gesetzt sind.

$$J_{2,f-1} = min(J_{(2,f-1)\rightarrow(f)} + J_f^*) \qquad\qquad \text{Gl. 2.17}$$

Zusätzlich werden die zum Minimum führenden Steuergrößen für jeden Zustand abgespeichert. Diese Berechnungen und Abspeicherungen der Werte werden für den gesamten Zyklus rückwärts durchgeführt. Anschließend wird vom Startzeitpunkt aus mit den jeweils minimalen Kosten zur Zielerreichung vorwärtsgerichtet der optimale Steuergrößenverlauf zusammengesetzt. Die Berechnung der Kosten kann darüber hinaus auch vorwärtsgerichtet umgesetzt werden. Damit lassen sich kausal abhängige Größen wie Komponententemperaturen mitrechnen ohne diese als zusätzliche Zustandsgrößen einzubinden, wie beispielsweise in [22] gezeigt wird. Wie dort jedoch auch beschrieben wird, weist die rückwärtsgerichtete Dynamische Programmierung die vergleichsweise einfachere numerische Umsetzung auf.

Die mittels Dynamischer Programmierung bestimmte Lösung des optimalen Steuerungsproblems ist bis auf Diskretisierungs- und Interpolationsfehler global optimal. In Simulationsstudien eignen sich die so erzielten Betriebsstrategien zur Ableitung allgemeingültiger Zusammenhänge. Diese können zur Entwicklung und anschließenden Auslegung von heuristischen Betriebsstrategien verwendet werden.

2.2.2 Heuristische Betriebsstrategien

Diese Strategien treffen die Betriebsstrategieentscheidung über hinterlegte Zusammenhänge von fahrsituations- und fahrzeugabhängigen Parametern. Die Zusammenhänge werden mittels Regeln und Kennfeldern abgebildet und setzen zur Entwicklung und Auslegung ein umfassendes Verständnis des Fahrzeugantriebs und der Betriebsmodi voraus. Mit diesem Verständnis zeigt sich der Vorteil gegenüber optimierungsbasierten Strategien in einer hohen Nachvollziehbarkeit und einfachen Erweiterung um zusätzliche Zielgrößen wie beispielsweise der Erhöhung der Fahrbarkeit und des Komforts. Beispiele für einfache kennfeldbasierte Umsetzungen über die aktuelle Fahrzeuggeschwindigkeit, das vom Fahrer angeforderte Drehmoment sowie den Ladezustand der HV-Batterie werden unter anderem von [36, 39] gegeben. Diese grundlegenden Strategien ermöglichen den sicheren Betrieb des Hybridfahrzeugs innerhalb der Systemgrenzen.

Mit einem tiefgehenden Verständnis von Hybridfahrzeugen können die sich bietenden Potenziale mit heuristischen Strategien weiter ausgenutzt werden.

In [32] wird der kraftstoffoptimale Betrieb von P2-Hybridfahrzeugen über Drehmomentgrenzen für die elektrische Fahrt und Kennfelder für die LPV dargestellt. Die beiden wesentlichen Betriebsstrategieentscheidungen, elektrische Fahrt oder Hybridbetrieb und im Fall von Hybridbetrieb die Ausgestaltung der LPV, werden dazu über den Parameter λ ausgedrückt. Dieser resultiert aus Betrachtungen der LPV und ist die Ableitung der Differenz des Kraftstoffmassenstroms durch die LPV $\Delta \dot{m}_{KS}$ nach der sich daraus ergebenden Differenz der Batterieleistung ΔP_{Batt}:

$$\lambda = \frac{d\Delta \dot{m}_{KS}}{d\Delta P_{Batt}} \qquad\qquad \text{Gl. 2.18}$$

Im kraftstoffoptimalen Fall ist λ über den Betrieb konstant. Die genaue Lastaufteilung im Hybridbetrieb ergibt sich mit diesem Parameter über den folgenden Zusammenhang. Für eine gegebene Drehzahl n des VM wird die Willans-Linie $\dot{m}_{KS,VM}$ betrachtet, die den Kraftstoffmassenstrom über die effektive Leistung des VM darstellt, siehe Abbildung 2.6. Als Refe-

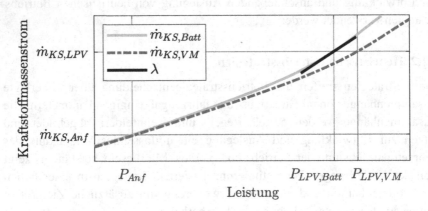

Abbildung 2.6: Willans-Linie für eine konstante VM-Drehzahl n sowie dem davon abgeleiteten Verlauf des Kraftstoffmassenstrom über der Batterieleistung mit der Steigung λ an der Stelle der kraftstoffoptimalen LPV

renzpunkt wird die vom Fahrer angeforderte Leistung am Getriebeeingang P_{Anf} gesetzt. Die durch LPV veränderte Leistung des VM $P_{LPV,VM}$ bedingt einen generatorischen beziehungsweise motorischen Betrieb der EM und damit eine Änderung der Leistung der Batterie $P_{LPV,Batt}$. Die Verluste bei der Energiewandlung ergeben die unterschiedlichen Verläufe der Willans-Linie sowie des Krafstoffmassenstroms bezogen auf die Leistung der Batterie $\dot{m}_{KS,Batt}$. Im Fall der kraftstoffoptimalen LPV entspricht die Steigung des Verlaufs $\dot{m}_{KS,Batt}$ dem Wert von λ. Über den Kraftstoffmassenstrom $\dot{m}_{KS,LPV}$ an dieser Stelle kann die effektive Leistung des VM $P_{LPV,VM}$ bestimmt werden. Mit dieser Leistung und der aktuellen Drehzahl des VM n lässt sich daraufhin das optimale Lastpunktverschiebungsmoment T_{LPV} berechnen. Im Fall von LPan ergeben sich daraus spezifische Kraftstoffkosten und im Fall von LPab spezifische Kraftstoffersparnisse. Diese lassen sich wie folgt bestimmen [32]:

$$b_{LPan} = \frac{\Delta \dot{m}_{KS}}{\Delta P_{Batt}} = \frac{\dot{m}_{KS} \cdot (T_{Anf} + T_{LPV}, n) - \dot{m}_{KS} \cdot (T_{Anf}, n)}{P_{Batt} \cdot (-T_{LPV}, n) - P_{Batt} \cdot (T = 0, n)} \qquad \text{Gl. 2.19}$$

Auf Basis des so bestimmten optimalen Lastpunktverschiebungsmoments T_{LPV} kann die Entscheidung bezüglich elektrischer Fahrt oder Hybridbetrieb über den Vergleich von λ mit den spezifischen Kraftstoffersparnissen durch elektrische Fahrt b_{EF} getroffen werden. Die Ersparnisse bestimmen sich mit dem vom Fahrer angeforderten Drehmoment T_{Anf}, dem zuvor bestimmten optimalen Lastpunktverschiebungsmoment T_{LPV} sowie dem Reibmoment der bei elektrischer Fahrt geöffneten Trennkupplung $T_{Reib,TK}$ bei der Drehzahl n [32]:

$$b_{EF} = \frac{\Delta \dot{m}_{KS}}{\Delta P_{Batt}} = \frac{\dot{m}_{KS} \cdot (T_{Anf} + T_{LPV}(\lambda), n)}{P_{Batt} \cdot (T_{LPV}(\lambda), n) - P_{Batt} \cdot (T_{Anf} + T_{Reib,TK}, n)} \qquad \text{Gl. 2.20}$$

So lange $b_{EF} > \lambda$ gilt, ist das Fahrzeug für einen kraftstoffoptimalen Betrieb rein elektrisch zu betreiben. Falls die Ersparnis kleiner ist, wird das Fahrzeug mit der kraftstoffoptimalen LPV hybridisch betrieben.

Mit den beschriebenen Zusammenhängen werden für verschiedene Werte von λ mit vorgegebenen Anforderungsmomenten sowie Drehzahlen des VM die optimalen Lastpunktverschiebungsmomente berechnet und kennfeldbasiert abgebildet. Weiterhin werden für diese Werte von λ, wie zuvor beschrieben, die Drehmomentgrenzen für die kraftstoffoptimale elektrische Fahrt berechnet und ebenfalls als Kennfeld abgelegt. Zusätzliche Betrachtungen, wie beispielsweise unterschiedliche Nebenverbraucherlasten oder die Berücksichtigung von Komponententemperaturen, erhöhen die Dimensionen dieser Kennfelder. Über die so bestimmten Kennfelder können die beiden wesentlichen

Betriebsstrategieentscheidungen für den kraftstoffoptimalen Betrieb auf die Bestimmung des einen Parameters λ reduziert werden. Über diesen können ohne die Vorgabe globaler Optimalität beispielsweise in Abhängigkeit vom SOC kraftstoffeffiziente Betriebsstrategien eingeregelt werden [32]. Für die optimale Bestimmung von λ und den damit möglichen optimalen Betrieb müssen jedoch alle Informationen über die vorausliegende Fahrsituation und die Randbedingungen im Vorfeld bekannt sein.

Erweiterung onlinefähiger Betriebsstrategien mit zusätzlichen Informationen

Basierend auf Informationen der aktuellen Fahrsituation und des aktuellen Fahrzeugzustands können Betriebsstrategien nur reagieren. Erst mit der Kenntnis weiterer Informationen über die vorausliegenden Fahrsituationen ist es möglich, dass Betriebsstrategien den Betrieb des Hybridfahrzeugs planen. Damit können bestimmte Zielsetzungen wie beispielsweise das lokal emissionsfreie Fahren in den vorausliegenden Fahrsituationen und hohe Kraftstoffeffizienzen erreicht werden. Die hierbei theoretisch möglichen Potenziale werden in Simulationsstudien mit der Annahme perfekter Prädiktion aufgezeigt [8, 32, 86]. Dieser in der Realität jedoch nicht möglichen Güte der Prädiktion wird versucht sich so weit wie möglich anzunähern, um die Potenziale mit onlinefähigen Betriebsstrategien möglichst weit auszunutzen. Die für einen geplanten Betrieb notwendigen Vorhersagen werden, wie im Folgenden erläutert und in Abbildung 2.7 veranschaulicht, über verschiedene Horizonte bestimmt. Die auf solchen Informationen basierenden Betriebsstrategien werden, aufgegliedert nach diesen Bestimmungshorizonten, nachfolgend diskutiert. Zuerst wird auf Betriebsstrategien eingegangen, die zusätzlich zu den aktuellen auch historische Informationen zur Planung des Betriebs verwenden. Im Anschluss werden Betriebsstrategien erläutert, die aktuelle und prädiktive Informationen in die Entscheidung zum Betrieb einfließen lassen. Abschließend werden rein auf prädiktiven Informationen basierende Betriebsstrategien erläutert.

Erweitert mit historischen Informationen

Zum einen kann die Betriebsstrategie mittels statistischer Beschreibungen der Vergangenheit angepasst werden. Dazu werden sowohl fahrzeuginterne

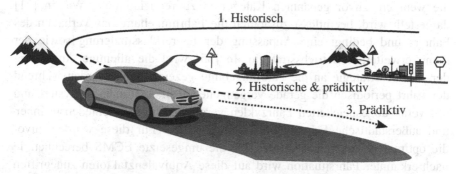

Abbildung 2.7: Möglichkeiten zur Erweiterung onlinefähiger Betriebsstrategien mit zusätzlichen Informationen

Größen als auch Informationen über die Fahrzeugumgebung aufbereitet und zur Entscheidungsfindung in der Betriebsstrategie verwendet. Ein Forschungsfeld ist in diesem Rahmen die Bestimmung des Fahrverhaltens. Dabei ist es trotz verschiedener Zielsetzungen in der Forschung etabliert, die möglichen Fahrweisen in mindestens die drei Kategorien „vorausschauend", „normal" und „sportlich" oder Vergleichbare einzugliedern, siehe [48, 50, 71, 103]. In [71, 103] wird eine entsprechende Fahrerklassifizierung für die Adaption der Betriebsstrategie von Hybridfahrzeugen verwendet. Zur Klassifizierung des Fahrstils während der Fahrt wird in [71] ein maschineller Lernalgorithmus genutzt. Entsprechend dem damit bestimmten Fahrverhalten werden sowohl die hinterlegte Grenzleistung für elektrische Fahrt als auch die LPV beeinflusst. Die Simulationsergebnisse zeigen für einen Fahrzyklus, dass mit diesen Anpassungen Kraftstoffeinsparungen von ungefähr 2 % erzielt werden können. Zurückzuführen sind diese Einsparungen vor allem auf eine Anhebung der Grenzleistung als auch auf eine stärkere LPV in effiziente Betriebsbereiche des VM. Ebenfalls werden von [103] Kraftstoffeinsparungen durch die Adaption der Betriebsstrategie anhand der erkannten Fahrweise erzielt. Dazu wird der Äquivalenzfaktor der ECMS so adaptiert, dass auch bei aggressiver Fahrweise für LPab und Boosten genügend elektrische Energie zur Verfügung steht. Im Falle von moderater Fahrweise wird der Äquivalenzfaktor reduziert, um ein zu starkes Aufladen zu verhindern. In beiden Arbeiten [71, 103] wird die Annahme getroffen, dass die Komplexität des Fahrverhaltens auf die wenigen, zuvor genannten Kategorien zu reduzieren ist. Wie in [71] dargestellt wird, beeinflusst zusätzlich die Fahrumgebung das Verhalten des Fahrers und bedingt eine Anpassung der Fahrerklassifizierung sowie der damit erweiterten Betriebsstrategie. In [35] wird die alleinige Anpassung der Betriebsstrategie an die Fahrumgebung gezeigt. Dazu werden während der Fahrt periodisch die gerade vergangenen Fahrsituationen analysiert und mit vorab abgespeicherten Fahrzyklen verglichen, die verschiedenste inner- und außerstädtische Fahrsituationen beschreiben. Für diese wurden zuvor die optimalen Äquivalenzfaktoren für die umgesetzte ECMS berechnet. Je nach erkannter Fahrsituation wird auf diese Äquivalenzfaktoren zugegriffen und der Geeignete zum Betreiben des Fahrzeugs verwendet. Im Vergleich zur Ausgangsbasis werden mit dieser Anpassung geringere Kraftstoffbedarfe erzielt.

Darüber hinaus existieren Ansätze, die basierend auf den vergangenen Leistungsanforderungen über stochastische Verfahren Übergangsmatrizen berechnen, mit denen ausgehend vom aktuellen Fahrzeugzustand die wahrscheinlich nachfolgenden Zustände bestimmt werden. Für diese Vorhersagen berechnet die sogenannte Stochastische Dynamische Programmierung (SDP) die optimale Steuerung mittels einer echtzeitfähigen Implementierung der Dynamischen Programmierung [49, 53, 54, 96, 97]. Die Bestimmung der Übergangsmatrizen ist auf unterschiedliche Arten möglich. In [49] werden dazu vorab definierte Fahrzyklen zur Kalibrierung der Matrizen verwendet. Mittels der so bestimmten Übergangsmatrizen werden im Fahrzeugbetrieb die vorausliegenden Leistungen und Drehzahlen für einen beschränkten Horizont vorhergesagt. Anschließend wird für diese Vorhersage der optimale Steuergrößenverlauf berechnet, mit dem neben dem Kraftstoffbedarf auch die Emissionen reduziert werden. Mit dieser Betriebsstrategie werden in [49] im Vergleich zu einer mittels Optimierungsrechnungen ausgelegten, regelbasierten Betriebsstrategie geringere Emissionen erzielt. Der zur Kalibrierung der Matrizen von [96, 97] verwendete Fahrzyklus wird vorab auf die Übereinstimmung mit verschiedenen Realfahrten überprüft. Im Gegensatz zur zuvor genannten Umsetzung werden die Übergangsmatrizen zur direkten Bestimmung der im Fahrzeugbetrieb auftretenden Kosten verwendet. Die implementierte Kostenfunktion umfasst neben dem Kraftstoffverbrauch auch die Batteriealterung. Aufgrund der Größe der Übergangsmatrizen werden hier Limitierungen hinsichtlich des Speicherplatzbedarfs berücksichtigt. Die resultierende Betriebsstrategie erzielt mit einer Reduktion der Batteriebelastung um 13 % (gemessen am quadratischen Mittelwert der C-Rate) Kraftstoffverbräuche auf dem Niveau einer alternativ zum Vergleich eingesetzten ECMS. Über den Ansatz der SDP wird die eigentlich auf der genauen Kenntnis der Zukunft angewiesene Dynamischen Programmierung in eine kausale Betriebsstrategie überführt. Damit kann die globale Optimalität der Dynamischen Programmierung nur für auf die vorhergesagten Teilprobleme der gesamten Fahrt angewendet werden. Eine daraus zu folgernde Erweiterung des Vorhersagehorizonts bringt die Probleme mit sich, dass damit zum einen die Auftretenswahrscheinlichkeit der vorhergesagten Zustände abnimmt und zum anderen die Rechenzeit für echtzeitfähige Anwendungen zu hoch wird.

Allen ausschließlich auf aktuellen und historischen Informationen basierenden Umsetzungen ist gemein, dass die Vergangenheit die vorausliegenden Fahrsituationen repräsentieren muss, um die gewünschten Zielsetzungen erreichen zu können. Es sind zwar Detaillierungsmöglichkeiten gegeben, so dass bestimmte Informationen einer genauen Fahrsituation zugeordnet werden können, allerdings können diese Informationen erst dann zur Planung der Betriebsstrategie verwendet werden, wenn auf entsprechende Vorhersagen über zukünftige Fahrsituationen zugegriffen werden kann. Ausschließlich auf Basis der aktuellen Informationen kann eine solche Planung nur bedingt sinnvoll durchgeführt werden.

Erweitert mit historischen und prädiktiven Informationen

Mit der zusätzlichen Verwendung von detaillierten Informationen über vorausliegende Fahrsituationen können gelernten Beschreibungen der vergangenen Fahrzeugnutzung zur Planung der Betriebsstrategie verwendet werden. Auf die dazu benötigten vorausschauenden Informationen wird mittels der fahrzeuginternen Sensorik (Kamera, Radar-, Laser- und Lidarsensoren), dem Advanced Driver Assistance System (ADAS), dem Navigationssystem, der Car-to-Car-Kommunikation sowie der Car-2-Interface-Kommunikation zugegriffen, siehe [66, 84]. Zu den bereitgestellten Informationen zählen zum einen statische Daten basierend auf Kartendaten wie beispielsweise Straßenverläufe, zulässige Geschwindigkeiten und Höhenverläufe sowie dynamische Daten wie zum Beispiel das Verkehrsaufkommen und Wettervorhersagen, siehe

Abbildung 2.8. Die durch die Hinzunahme der prädiktiven Informationen nicht mehr kausalen Betriebsstrategien können das Laden und Entladen der HV-

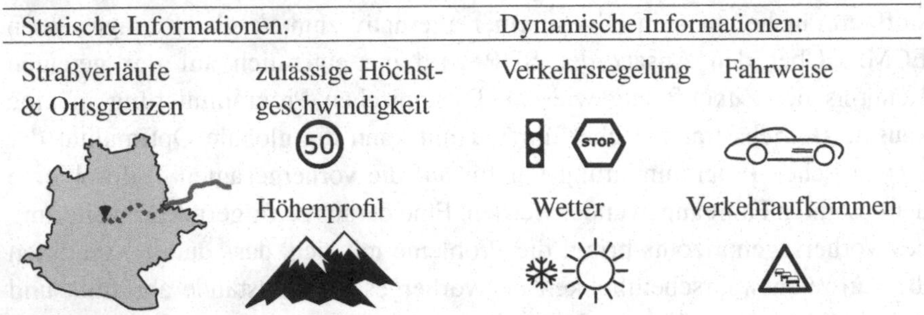

Statische Informationen:		Dynamische Informationen:	
Straßverläufe & Ortsgrenzen	zulässige Höchst-geschwindigkeit	Verkehrsregelung	Fahrweise
	Höhenprofil	Wetter	Verkehraufkommen

Abbildung 2.8: Einteilung prädiktiver Informationen

Batterie im Fahrzeugbetrieb so regeln, dass zu bestimmten Fahrsituationen gewünschte Betriebsmodi eingesetzt werden. Insbesondere PHEV bieten aufgrund ihrer hohen Batteriekapazitäten hier einen großen Stellhebel, um auch in längeren Fahrsituationen ähnlich betrieben zu werden. Entsprechende Betriebsstrategien ermöglichen dann beispielsweise auch den Einsatz der elektrischen Energie zum lokal emissionsfreien Fahren in zuvor definierten Gebieten, wenn die Fahrstrecke die verbleibende elektrische Reichweite über-schreitet. Die Bereiche außerhalb der elektrisch gefahrenen Zonen können für die Konditionierung des Ladezustands der HV-Batterie mittels LPV genutzt werden.

Die Lokalisierung des Fahrzeugs über das Global Positioning System (GPS) kann auch genutzt werden, um alltägliche Strecken zu lernen, siehe [29, 34, 81]. Dazu wird in [81] ein sogenanntes verstecktes Markov-Modell (Hidden Markov Model) eingesetzt, welches mit einer hohen Genauigkeit alltägliche Routen vorhersagt. Bei verschiedenen möglichen Routen sorgen die Information über den Wochentag, die Uhrzeit sowie die Geschwindigkeit für die richtigen Entscheidungen. Angedacht sind Erweiterungen mit prädiktiven Informationen über das Verkehrsaufkommen sowie weiterer Verkehrsinforma-tionen, um zum einen die schnellste Route zu finden und zum anderen die Ankunftszeit genau vorherzusagen. Vergleichbar zu diesem Ansatz werden in [99] Routen vorhergesagt, auf deren Basis effiziente Betriebsstrategien für ein P2-Hybridfahrzeug bestimmt werden. In der durchgeführten Simulationsstudie werden im Mittel Kraftstoffeinsparungen von 1,2 % erreicht [99]. Zusätzlich zu einer ebenfalls vergleichbaren Routenprädiktion wird in [47] die Anbindung des Hybridfahrzeugs an einen Server untersucht. Auf diese Weise werden die Probleme mit beschränkter Rechen- und Speicherleistung von Automotive-Steuergeräten umgangen und ausgelagert optimierungsbasierte Betriebsstrategien berechnet. Auf dem Server wird mittels einer Implementierung der Dynamischen Programmierung vor Fahrtbeginn der Steuergrößenverlauf berechnet. Dieser Verlauf wird anschließend über eine im Fahrzeug implementierte ECMS eingeregelt. Mit der Vernachlässigung von dynamischen Einflüssen wie beispielsweise dem Verkehrsaufkommen können die Steuergrößenverläufe vorab für die gelernten Routen berechnet werden. Mit der Berücksichtigung solcher Einflüsse ist eine Onlinefähigkeit jedoch nur dann gegeben, wenn zwischen Routenplanung und Fahrtbeginn ausreichend Zeit zur Berechnung des optimalen Steuergrößenverlaufs vorhanden ist.

Die zuvor beschriebenen Betriebsstrategien basieren ebenfalls auf der Annahme, dass die zukünftigen Fahrsituationen durch die zurückliegenden repräsentiert werden. Durch die Erweiterung um vorausschauende Informationen kann eine höhere Robustheit erzielt werden, indem die gelernten Fahrsituationen mit den Vorausgesagten abgeglichen werden.

Erweitert mit prädiktiven Informationen

Theoretisch ist die Erweiterung von Betriebsstrategien mit ausschließlich prädiktiven Informationen ausreichend, um einen nahezu global optimalen Betrieb realisieren zu können. Mit der grundlegenden Information über das Fahrtziel, können neben dem vorausliegenden Streckenverlauf alle weiteren gewünschten Informationen wie beispielsweise der Höhenverlauf über die im vorherigen Abschnitt beschriebenen Systeme bestimmt werden. Bei der ausschließlichen Verwendung von prädiktiven Informationen ist ein Abgleich mit vorherigen Fahrten jedoch nicht möglich. Daher ist es hier besonders relevant, in welchem Detaillierungsgrad die prädiktiven Informationen vorhanden sind beziehungsweise wie sich fehlerhafte Signale auf die Zielsetzungen hinsichtlich Kraftstoffeffizienz und lokal emissionsfreiem Fahren auswirken.

Bei Hybrid Electric Vehicle (HEV) sind die möglichen Auswirkungen von fehlerhaften Vorhersagen aufgrund der geringeren Batteriekapazitäten deutlich kleiner als bei PHEV. Entsprechende Studien [3, 16, 30] zeigen für HEV, dass auch mit geringen Fehlern in den Vorhersagen des Geschwindigkeitsverlaufs Verbesserungen gegenüber der Ausgangsbasis ohne Prädiktion erreicht werden können. Verschlechterungen werden bei deutlichen Abweichungen zwischen dem prädizierten und dem tatsächlichen Geschwindigkeitsverlauf wie beispielsweise durch verfrühtes Anhalten aufgezeigt. Zu gesteigerten Verschlechterungen führen vergleichbare Fehler in der Vorhersage bei PHEV. Falls die Fahrstrecke die aktuell mögliche elektrische Reichweite überschreitet, wird von der prädiktiven Betriebsstrategie ein Hybridbetrieb geplant. Dieser kann bei verfrühtem Anhalten dazu führen, dass entgegen der Vorgabe die in der Traktionsbatterie vorhandene elektrische Energie nicht bis zum Ende der Fahrt eingesetzt wird und dadurch ein Kraftstoffmehrverbrauch bedingt wird. Das mögliche Einsparpotenzial prädiktiver Betriebsstrategien steht solchen Fehlern gegenüber, welches beispielsweise in [104] mit der alleinigen Kenntnis der Fahrstrecke nachgewiesen wird. Dort wird für verschiedene, über die elektrische Reichweite des betrachteten PHEV hinausgehende Fahrten der Äquivalenzfaktor der untersuchten ECMS so bestimmt, dass der Ladezustand der HV-Batterie gleichmäßig über die Fahrstrecke abnimmt. Mit diesem sogenannten Blended-Betrieb werden gegenüber der nicht prädiktiven Ausgangsbasis Verbrauchsvorteile erzielt. Weitergehende Untersuchungen zeigen jedoch, dass insbesondere lange Gefälle zusätzlich in der Planung berücksichtigt werden sollten. Bestätigt werden diese Erkenntnisse in [95]. Dort werden ebenfalls mit einem Blended-Betrieb, der auf den prädiktiven Informationen über die Streckenlänge sowie dem Steigungsverlauf basiert, Verbrauchsvorteile erzielt.

Sobald PHEV im Ladungserhaltungsbetrieb sind, gelten für diese bezüglich der Länge des Vorausschauhorizonts die gleichen Aussagen wie für HEV. Unter dem Aspekt der eingeschränkten Rechenleistung von Fahrzeugsteuergeräten werden die Auswirkungen der Anpassung des Vorausschauhorizonts in [69] untersucht. Das Ergebnis der Analysen für ein Lastkraftfahrzeug mit einem maximalen Prädiktionshorizont von 2 km zeigt, das schon kurze Vorhersagen mit geringem Detaillierungsgrad zu Kraftstoffeinsparungen führen. In [95] wird anhand der Kraftstoff- und Energiebedarfe sowie der Anzahl an

VM-Starts gezeigt, dass sich die umgesetzte, prädiktive Betriebsstrategie mit zunehmender Länge des Vorausschauhorizonts der global optimalen Lösung annähert. In einer darauffolgenden Studie [94] wird ebenfalls anhand der genannten Bewertungskriterien gezeigt, dass eine Verlängerung des Vorausschauhorizonts zusätzlich die Sensitivität auf gleichbleibende Fehler in der Vorhersage reduziert. Nichtsdestotrotz können gerade lange Vorhersagen dazu führen, dass ein großer SOC-Hub eingeregelt wird und im Fehlerfall das Fahrzeug mit einem hohen Ladezustand abgestellt wird. Insbesondere bei PHEV ist ein solcher Fall ungünstig, wenn das Fahrzeug anschließend extern geladen werden soll. Diese Aspekte sind in der Auslegung der prädiktiven Betriebsstrategie mitzuberücksichtigen.

Die Veröffentlichungen zu prädiktiven Betriebsstrategien in Serienfahrzeugen umfassen die Funktionsweise [76] sowie teilweise die resultierenden Kraftstoffeinsparungen [33]. Angaben zur Signalgüte beziehungsweise der daraus resultierenden Sensitivität der Betriebsstrategien auf deren Zielsetzungen sind nicht veröffentlicht. In der Betriebsstrategie von [76] wird bei aktiver Zielführung auf Routeninformationen über das Navigationssystem zugegriffen, um im Fahrprogramm „Hybrid Auto" einen effizienten Betrieb sicherzustellen [76]. Dazu wird ausgehend von einem Ladezustand über dem Arbeitspunkt die elektrische Energie zur Minimierung des Kraftstoffverbrauchs eingesetzt. Auch wenn zur Steigerung des Ansprechverhaltens die EM unterstützend wirkt, ist die für Boosten verfügbare Energie in diesem Fahrprogramm reduziert.

Basierend auf diesen Erkenntnissen zum aktuellen Stand der Technik bedarf es einer detaillierten Analyse der Sensitivität von prädiktiven Informationen auf die Zielsetzungen von prädiktiven Betriebsstrategien hinsichtlich Kraftstoffeffizienz und lokal emissionsfreiem Fahren. Dabei ist insbesondere die Analyse der dynamischen Einflüsse wie der Fahrweise, des Verkehrsaufkommens und der Verkehrsregelung von hohem wissenschaftlichem Mehrwert, da die existierenden, auf Messfahrten basierenden Studien keine getrennte Betrachtung zulassen.

2.3 Verkehrssimulationen

Verkehrssimulationen ermöglichen das reproduzierbare Betrachten parametrierbarer Verkehrssituationen. Auf definierten Routen können so im Vergleich zu realen Fahrsituationen die Einflüsse und Interaktionen der Verkehrsregeln mit dem Verkehr ohne ein Sicherheitsrisiko untersucht werden. Diese Analysen liefern nicht nur wertvolle Erkenntnisse für beispielsweise die Planung der Verkehrsführung [5] oder die Entwicklung von Fahrerassistenzsystemen [17], sondern können wie in dieser Arbeit auch für Untersuchungen des Energiemanagements von Fahrzeugen verwendet werden. Je nach Zielsetzung der Betrachtungen eignen sich unterschiedlich detaillierte Verkehrsmodelle. Mit der höchsten Abstraktion wird der Verkehr in makroskopischen Verkehrssimulationen als kontinuierliche Verkehrsströmung betrachtet [93]. Dabei beschreiben die Modelle in Analogie zur Fluiddynamik unter anderem die Verkehrsdichte, den Verkehrsfluss sowie die mittlere Geschwindigkeit des Verkehrs. Für detaillierte Betrachtungen wird in mikroskopischen Verkehrssimulationen das Verhalten einzelner Fahrer-Fahrzeug-Einheiten auf die Verkehrsregelung und den umgebenden Verkehr modelliert [93]. Dazu wird das querdynamische Verhalten über Spurwechselmodelle und das längsdynamische Verhalten über Fahrzeugfolgemodelle beschrieben. Die in der Literatur [37, 57, 93] als Fahrzeugfolgemodelle bezeichneten Modelle zur Darstellung der Längsdynamik werden im Folgenden als Fahrermodelle bezeichnet, da diese nicht nur das Folgen von Fahrzeugen sondern auch die Fahrsituationen „freie Fahrt" mit beispielsweise „Bremsen auf ortsfeste Objekte" wie Lichtsignalanlagen beschreiben. Die vom Fahrer gewünschten Leistungen sind entsprechend der Fahrzeugcharakteristiken limitiert. Das Verkehrsaufkommen wird durch die Anzahl der Fahrer-Fahrzeug-Einheiten dargestellt. Der mit diesen Simulationsmodellen gegebene Detaillierungsgrad reicht aus, um die für die Untersuchungen dieser Arbeit notwendigen Fahrprofile zu parametrieren und reproduzierbar zu generieren. Zusätzlich zu den beiden genannten Verkehrssimulationen gibt es mesoskopische Umsetzungen, die über verschiedene Kombinationen der makroskopischen und der mikroskopischen Verkehrssimulationen dargestellt werden [93].

2.3.1 Fahrermodelle

Die Regelung der Längsdynamik durch den Fahrer lässt sich in die „freie Fahrt", das „Bremsen auf ortsfeste Objekte" sowie das „Folgen vorausfahrender Fahrzeuge" einteilen [93]. Fahrermodelle, die alle drei Fahrsituationen abbilden, werden als vollständig bezeichnet [93]. Zur kontinuierlichen Simulation der Modelle auf einer Strecke werden zu jedem Zeitpunkt Informationen über die aktuelle Fahrzeuggeschwindigkeit sowie die zulässige Geschwindigkeit benötigt. Vorausfahrende Fahrzeuge werden je nach Auslegung über den Abstand sowie die relative Geschwindigkeit betrachtet. Der Output der Modelle ist häufig die Beschleunigung oder direkt die Geschwindigkeit im nächsten Zeitschritt.

Die meisten der Fahrermodelle können in die folgenden zwei Kategorien eingeteilt werden: Zum einen in die Modelle, die eine deskriptive Beschreibung der Fahrereigenschaften benötigen, und zum anderen in die Modelle, die die Fahrereigenschaften lernen und abspeichern, siehe Tabelle 2.1. Die

Tabelle 2.1: Einteilung der betrachteten mikroskopischen Fahrermodelle

deskriptive Fahrermodelle	Fahrermodelle der Fahrerfolgetheorie	Gazis-Herman-Rothery [14]
	Safe-Distance-Fahrermodelle	Gipps [31] Krauss [46]
	psychophysische Fahrermodelle	Wiedemann [102] Fritzsche [28]
	aus der Regelungstechnik abgeleitete Fahrermodelle	Intelligent Driver Model [92] Human Driver Model [43]
lernende Fahrermodelle	Neuronale Netze	[40, 65]

deskriptiven Modelle basieren auf Analysen des Fahrerverhaltens, die für die Entwicklung der beschreibenden Gleichungen und deren Parametrierung notwendig sind. Zu dieser Kategorie gehören die Modelle der Fahrzeugfolgetheorie. Beispielsweise ist das Gazis-Herman-Rothery-Modell (GHR-Modell) [14] mit der Beobachtung entwickelt, dass die vom Fahrer gewünschte Beschleunigung die Reaktion auf eine Geschwindigkeitsdifferenz, einen Abstand und eine Geschwindigkeit ist. Die sogenannten Safe-Distance-Fahrermodelle hingegen basieren auf Betrachtungen, dass Fahrzeuge zu jedem Zeitpunkt einen zur Vermeidung von Kollisionen ausreichend sicheren Abstand einhalten. Näher definiert werden Safe-Distance-Modelle von Gipps [31] und Krauss [46]. In psychophysischem Modellen wie dem Wiedemann-Modell [102] und dem Fritzsche-Modell [28] werden zur Abbildung der menschlichen Entscheidungsprozesse Wahrnehmungsschwellen definiert. Innerhalb der durch diese Schwellen definierten Bereiche werden verschieden starke Reaktionen des Fahrers aufgerufen. Weiterhin wird das Abstandsverhalten von Fahrern zu vorausfahrenden Fahrzeugen über aus der Regelungstechnik abgeleitete Ansätze beschrieben, welche grundlegend vergleichbar mit Adaptive-Cruise-Control-Systemen sind. Ein Beispiel ist hier das Intelligent Driver Modell (IDM) [92], an dem sich die Schwierigkeiten der deskriptiven Modelle zeigen. Die zur Definition des IDM getroffenen Annahmen führen auf der einen Seite zwar zu einem robusten und leicht nachvollziehbaren Modell, allerdings auf der anderen Seite auch zum Verlust von Informationen über die Fahrereigenschaften. Zur Parametrierung des Modells mit gemessenem Fahrerverhalten werden wie in [43] Optimierungsalgorithmen verwendet. Damit erzielte Genauigkeiten offenbaren, dass zur genaueren Abbildung von Fahrverhalten detaillierte Modelle benötigt werden. Das Folgen vorausfahrender Fahrzeuge des IDM wird im Human Driver Model [43] durch die Hinzunahme von unter anderem Informationen über Reaktionszeiten genauer gestaltet. Zeitgleich zur zunehmenden Genauigkeit führt dies jedoch zu komplexeren Modellen und damit zu geringerer Nachvollziehbarkeit und erhöhtem Kalibrierungsaufwand.

Im Gegensatz zu den deskriptiven Modellen können lernende Algorithmen wie neuronale Netze für die Entwicklung von Fahrermodellen verwendet werden. Diese bedürfen keiner detaillierten Beschreibung der Fahrereigenschaften und eignen sich für die Modellierung solcher komplexen Zusammenhänge. Allerdings sind neuronale Netze durch ihre Black-Box-Eigenschaft gekennzeichnet und daher nur schwer nachvollziehbar. Zusätzlich existieren keine einheitlichen Richtlinien für die Auslegung und das Trainieren von neuronalen Netzen. Lernende Fahrermodelle wie [40, 65] bieten Anhaltspunkte für die Auslegung und das Trainieren der neuronalen Netze. Die mit einfachen Strukturen ausgelegten und mit Backpropagation trainierten Modelle zeigen, dass neuronale Netze für die genaue Modellierung des Fahrerverhaltens geeignet sind. Die Auslegung der genannten Modelle sowie das Lernverfahren Backpropagation führen wie bei den deskriptiven Modellen mit Optimierungsalgorithmen dazu, dass die Abweichungen des Fahrermodells von den Trainingsdaten minimal sind. Das bedeutet allerdings auch, dass bei wiederkehrenden Fahrsituationen die gemessenen Fahrweisen nicht in der jeweiligen Ausprägung abgebildet werden, sondern nur durch den Mittelwert repräsentiert werden.

Basierend auf dem Stand der Technik weisen die Fahrermodelle den Interessenskonflikt zwischen Genauigkeit, Nachvollziehbarkeit und Kalibrierungsaufwand auf.

2.3.2 Programme zur mikroskopischen Verkehrssimulation

Es existieren verschiedene Umsetzungen zur mikroskopischen Verkehrssimulation, siehe [4], [25] und [44] für eine umfassende Übersicht. Eine Auswahl der verbreitetsten Programme wird anhand der jeweils implementierten Fahrermodelle, deren Kalibrierungsaufwand, der Möglichkeit zur Anpassung sowie der Nachvollziehbarkeit des Simulationsprogramms für die Eignung der geplanten Untersuchungen geprüft. Der Hauptaugenmerk liegt bei den Analysen auf der Längsdynamik. Daher werden vorrangig die Fahrermodelle betrachtet. Weiterhin ist es wünschenswert, dass der Programmcode zugänglich ist, sodass zum einen Änderungen durchgeführt werden können und zum anderen eine hohe Nachvollziehbarkeit gegeben ist. Die Auswahl mit Bewertung ist in Tabelle 2.2 dargestellt. Das kommerzielle Verkehrssimulationsprogramm AIMSUN von Siemens ermöglicht die Simulation in allen drei Detaillierungsgraden. Dabei basiert das in der mikroskopischen Verkehrssimulation implementierte Fahrermodell auf dem Safety-Distance-Modell von Gipps, siehe [4] und [52]. Im Vergleich zu anderen Fahrermodellen ist bei diesem die Kalibrierung von nur einer geringen Anzahl an intuitiven Parametern notwendig [59]. Ermöglicht wird das Überschreiben des implementierten Fahrermodells mittels einer auf C++ basierenden Softwareentwicklungsoberfläche. Damit werden eingeschränkte Anpassungen ermöglicht, eine darüber hinausgehende vollständige Nachvollziehbarkeit des Programms ist jedoch nicht gegeben.

Tabelle 2.2: Übersicht mikroskopische Verkehrssimulationen

Name	Art & Hersteller	Implementierte Fahrermodelle	Kalibrierungsaufwand	Möglichkeit zur Anpassung	Nachvollziehbarkeit
AIMSUN (Advanced Interactive Microscopic Simulator for Urban and Non-Urban Networks)	Kommerziell Siemens	Gipps	+	o	-
VISSIM (Verkehr in Städten SIMulation)	Kommerziell PTV AG	Erweiterung von Wiedemann	-	o	-
PARAMICS (PARAllel MICroscopic Simulation)	Kommerziell Quadstone Paramics	Erweiterung von Fritzsche	-	-	o
MITSIMLab (MIT SIMulation Laboratory)	Open Source MIT	GHR	-	+	+
SUMO (Simulation of Urban MObility)	Open Source DLR	Krauss, IDM & Wiedemann	o	+	+

+ positiv   o neutral   - negativ

Ebenfalls nur in diesem Umfang zugänglich und nachvollziehbar ist die kommerzielle mikroskopische Verkehrssimulation VISSIM von der PTV AG. Das hier implementierte Fahrermodell ist ähnlich dem psychophysischen Modell von Wiedemann [4] und damit mit einem deutlich höheren Kalibrierungsaufwand verbunden [59].

Einen vergleichbare hohen Aufwand zur Kalibrierung benötigt das psychophysische Fahrermodell der kommerziellen mikroskopischen Verkehrssimulation Paramics von Quadstone, welche auf dem Fahrermodell von Fritzsche basiert. Zur weiteren Anpassung dieses Modells wurden keine Informationen gefunden. Die Nachvollziehbarkeit der Simulation ist durch Veröffentlichungen [4] bedingt gegeben.

Die mikroskopische Verkehrssimulation MITSIMLab vom MIT Intelligent Transportation Systems Program ermöglicht durch die zugrunde liegende Open-Source-Eigenschaft weitgehende Änderungen und damit auch die freie Anpassung des implementierten GHR-Modells [4]. Zwar ist die Anzahl an Parametern dieses Fahrermodells gering, jedoch sind diese nicht intuitiv und damit ist ein gewisser Aufwand zur Kalibrierung notwendig [59].

Ebenfalls eine hohe Nachvollziehbarkeit und Möglichkeit zur Anpassung weist das Open-Source-Programm Simulation of Urban Mobility (SUMO) vom Deutsches Luft- und Raumfahrtinstitut (DLR) auf [51]. Zusätzlich zu diesen Eigenschaften sind mehrere Fahrermodelle implementiert. Neben dem Safety-Distance-Modell Krauss stehen ebenfalls das IDM sowie das psychophysische Wiedemann-Fahrermodell zur Simulation zur Verfügung. Entsprechend der Auswahl des simulierten Modells ist der Kalibrierungsaufwand unterschiedlich hoch.

3 Simulationsumgebung

In diesem Kapitel wird die für die folgenden Untersuchungen verwendete Simulationsumgebung vorgestellt. Der erste Teil dieser Umgebung besteht aus einer mikroskopischen Verkehrssimulation, welche die Parametrierung der Route, der Verkehrsregelung, des Verkehrsaufkommens sowie der Fahrer-Fahrzeug-Einheit ermöglicht. Aufgrund der gewünschten Anforderung hinsichtlich der exakten Wiedergabe von realem Fahrverhalten mit den Fahrer-Fahrzeug-Einheiten wurde das neue Fahrermodell Probability-Based Driver Model (PBDM) entwickelt und in die Verkehrssimulation integriert. Dieses wird in Kapitel 3.2.2 erläutert und anderen, den Stand der Technik repräsentierenden Fahrermodellen gegenübergestellt. Das Geschwindigkeitsprofil dieser so modellierten Fahrer-Fahrzeug-Einheiten aus der Verkehrssimulation wird im zweiten Teil der Simulationsumgebung als Geschwindigkeitsvorgabe für eine Längsdynamiksimulation genutzt. Das dafür verwendete Modell bildet über stationär vermessene Kennfelder den P2-Hybridantriebsstrang des Versuchsträgers ab, der in Kapitel 3.3 beschrieben wird. Die energetisch validierten Längsdynamiksimulationen dienen zur Berechnung der elektrischen Energiebedarfe sowie der Kraftstoffbedarfe zum Antreiben des Fahrzeugs für unterschiedliche Betriebsstrategien und Umgebungsbedingungen. Damit ermöglicht diese Simulationsumgebung Rückschlüsse von den jeweiligen Betriebsstrategien auf die zugrunde liegenden Parameter der Fahrsituationen zu ziehen.

3.1 Mikroskopische Verkehrssimulation mit SUMO

Basierend auf der in Kapitel 2.3.2 gegebenen Übersicht und Bewertung von Programmen zur mikroskopischen Verkehrssimulation wird für geplante Untersuchungen die Verkehrssimulation SUMO ausgewählt. Die in SUMO schon vorhandene Implementierung der unterschiedlichen Fahrermodelle ermöglicht eine direkte Bewertung der jeweiligen Eignung für die angedachten Untersuchungen. Zudem eröffnen weitere Open-Source-Funktionalitäten die

T. Schürmann, *Untersuchungen zum kraftstoffeffizienten und lokal emissionsfreien Betrieb paralleler Plug-in- Hybridfahrzeuge und zur Auslegung darauf basierender, prädiktiver Betriebsstrategien*, Wissenschaftliche Reihe Fahrzeugtechnik Universität Stuttgart, https://doi.org/10.1007/978-3-658-34756-7_3

zweckmäßige Benutzung der Simulationsumgebung. Aus diesen Gründen wird SUMO für die Generierung von Fahrprofilen verwendet.

SUMO ermöglicht die raumkontinuierliche und zeitdiskrete Simulation von Verkehr in Straßennetzen. Dazu sind die Straßennetze mittels eines Knoten-Kanten-Modells abgebildet. Die Knoten repräsentieren Kreuzungen, die über die als Kanten hinterlegten Straßen verbunden werden. Die Knoten beinhalten unter anderem Informationen über die Position sowie die Vorfahrtregelung mit eventuell vorhanden Lichtsignalanlagen. Die Anzahl an Fahrspuren mit den jeweiligen Fahrtrichtungen sowie die zulässigen Geschwindigkeiten und der Straßenverlauf sind den Kanten zugeordnet. Weiterhin wird der Verkehr entsprechend dem mikroskopischen Detaillierungsgrad über einzelne Fahrer-Fahrzeug-Einheiten modelliert. Diesen Einheiten sind neben der Abfahrtszeit und dem Routenverlauf über die einzelnen Knoten auch das entsprechende Fahrermodell zugeordnet. Für die Generierung der Straßennetze und des Verkehrs stehen verschiedene Programme vom DLR zur Verfügung [51].

3.1.1 Generierung von Straßennetzen

Straßennetze in einem für SUMO geeignetem Format können mit den mitgelieferten Programmen „NETCONVERT" und „NETEDIT" [51] erstellt werden. Mit „NETCONVERT" können unter anderem Straßennetze von der offen zugänglichen Datenbank OpenStreetMap [62] konvertiert werden. Fehlende oder fehlerbehaftete Daten wie beispielsweise die Abstimmung einzelner Lichtsignalanlagen werden dabei über hinterlegte Regeln korrigiert, sodass die konvertierten Straßennetze auch ohne weitere Anpassung direkt für die Simulation verwendet werden können. Weitergehende Anpassungen sowie das manuelle Erstellen von Straßennetzen ist mit dem graphischen Straßennetzeditor „NETEDIT" möglich.

Im Rahmen dieser Arbeit wurden die genannten Programme verwendet, um basierend auf exportierten Ausschnitten von OpenStreetMap verschiedene Straßennetze zu erstellen und anzupassen. Um den Rechenaufwand für die durchgeführten Untersuchungen gering zu halten, wurden die Straßennetze durch das Entfernen von nicht relevanten Knoten und Kanten auf das Wesentliche reduziert. Genauer vorgestellt werden die ausgewählten Straßennetze zur Generierung der Fahrsituationen in Kapitel 4.

3.1.2 Generierung von Verkehr

Es bestehen verschiedene Möglichkeiten den Verkehr für die Simulation mit SUMO zu definieren. Zum einen können die Fahrer-Fahrzeug-Einheiten einzeln in einem Texteditor erstellt und parametriert werden. Dabei sind zusätzlich zur Abfahrtszeit entweder der Abfahrtsort und der Ankunftsort oder der genaue Routenverlauf über die einzelnen Knoten zu definieren. Als Hilfe steht hierbei die Funktion „randomTrips" [51] zur Verfügung, die basierend auf dem Abfahrtsort und Ankunftsort sowie weiterer möglicher Zwischenziele die einzelnen Knoten auflistet. Da dies jedoch je nach Simulationsszenario einen großen manuellen Aufwand bedeuten kann, wird der Verkehr ebenfalls mithilfe weiterer Programme automatisch generiert. Für eine nähere Ausführung sei auf [51] verweisen.

Da in dieser Arbeit nur bestimmte Routenverläufe eines Straßennetzes verwendet werden, werden ausgewählte Routen mit der angesprochenen Funktion „randomTrips" definiert. Den betrachteten Fahrzeugen wird genau eine dieser Routen zugeordnet. Die weiteren Verkehrsteilnehmer fahren zufällig ausgewählt auch die anderen definierten Routen. Über die Anzahl der zusätzlichen Fahrzeuge sowie deren beieinander liegender Abfahrtszeit wird das Verkehrsaufkommen parametriert.

3.1.3 Simulationsablauf

Die Verkehrssimulation basiert auf einer Konfigurationsdatei, in der das Straßennetz sowie die Parametrierung des Verkehrs eingebunden ist. Darüber hinaus enthält die Konfigurationsdatei die weiteren Simulationsrandbedingungen wie beispielsweise die Schrittweite sowie die Start- und Endzeit. Weiterhin besteht die Möglichkeit zur Visualisierung der Verkehrssimulation mit einer graphischen Oberfläche, aus der die Simulation gestartet werden kann. Alternativ steht mit dem sogenannten Traffic Control Interface (TraCI) [101] eine generische Schnittstelle zu Verfügung, über die SUMO mit anderen Programmen wie beispielsweise mit Python gekoppelt und aus diesen heraus gestartet, gestoppt und modifiziert werden kann. Damit ist es möglich Simulationsroutinen zu definieren und die Verkehrssimulation mehrfach nacheinander auszuführen. Des Weiteren ermöglicht die Schnittstelle das Aufzeichnen der Simulationsdaten einzelner Fahrzeuge. Auf diese

Weise werden in dieser Arbeit die aktuelle Position, Beschleunigung und Geschwindigkeit der ausgewählten Fahrzeuge aufgezeichnet.

Das Ziel ist die Generierung ähnlicher Fahrsituationen auf Basis gleicher Parametrierungen hinsichtlich der Verkehrsregelung und des Verkehrsaufkommens. Dazu werden die Startzeiten der ausgewählten Fahrzeuge sowie die Fahrereigenschaften und Routen der anderen Fahrzeuge in einem gewissen Rahmen statistisch definiert. Die Simulationen werden für statistische Aussagen mehrfach durchgeführt. Neben diesen Zufallsentscheidungen trifft auch das im Folgenden vorgestellte Fahrermodell gewisse Entscheidungen statistisch.

3.2 Abbildung realer Fahrweisen

Aufgrund der in der Realität stark eingeschränkten Möglichkeit zur Beeinflussung der Verkehrsregelung und des Verkehrsaufkommen sind die folgenden energetischen Analysen nur als Simulationsstudie möglich. Um damit Aussagen für die Wirklichkeit treffen zu können, muss als weiterer Bestandteil der Simulationsumgebung das Fahrermodell die Realität in Form der Beschleunigungs- und Geschwindigkeitsverläufe möglichst genau wiedergeben.

3.2.1 Unterschied zwischen Realität und Simulation anhand des Stands der Technik

In diesem Abschnitt werden die Auswirkungen von Abweichungen im Beschleunigungs- und Geschwindigkeitsverlauf zwischen Realität und Simulation auf den Energiebedarf zum Antreiben des Fahrzeugs anhand des Fahrermodells IDM beziffert. Basierend auf den Ausführungen in Kapitel 2.3.1 repräsentiert unter anderem dieses Modell den Stand der Technik. Zur Bezifferung des Unterschieds wird eine alltägliche Fahrsituation betrachtet. Diese besteht aus einer Beschleunigung gefolgt von einer Konstantfahrt und einem Bremsvorgang ohne vorausfahrendes Fahrzeug bei einer zulässigen Geschwindigkeit von 50 km/h (vergleiche das obere Diagramm in Abbildung 3.1). Die Schwankungen im Beschleunigungsverlauf sind auf das Fahrzeug (z.B.

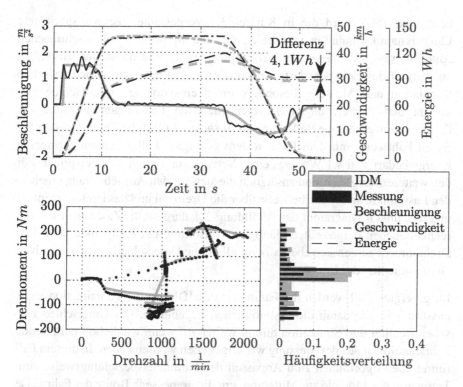

Abbildung 3.1: Unterschiede zwischen Messung und Simulation mittels parametriertem IDM für rein elektrisches Fahren

Schaltungen), den Fahrer (z.B. Reaktionszeit) und die Fahrumgebung (z.B. Steigungen) zurückzuführen. Auf diesen Messausschnitt werden die Parameter des IDM optimiert. Der sich für dieses so parametrierte Fahrermodell aus der Verkehrssimulation ergebende Beschleunigungs- und Geschwindigkeitsverlauf ist ebenfalls in dem oberen Diagramm der Abbildung 3.1 dargestellt. Der optische Vergleich der Verläufe zeigt insbesondere in der Beschleunigung und der Bremsung Abweichungen zwischen Messung und Simulation auf.

Zur daruber hinausgehenden energetischen Bewertung werden für den gemessenen und den simulierten Beschleunigungs- und Geschwindigkeitsverlauf die jeweiligen Energiebedarfe für rein elektrische Fahrt in der HV-Batterie berechnet. Dazu wird die in Kapitel 3.4 vorgestellte, rückwärtsgerichtete Längsdynamiksimulation verwendet, die den in Kapitel 3.3 beschriebenen Antriebsstrang des Versuchsträgers repräsentiert. Wie daran und zusätzlich am Verlauf des Energiebedarfs zu erkennen ist, ist der Unterschied zwischen Simulation und Messung besonders im Bremsvorgang groß. Gerade hier kommt den Abweichungen bei elektrifizierten Fahrzeugen aufgrund der Rekuperation eine hohe Bedeutung zu. Insgesamt führt die Vereinfachung der realen Fahrweise mit dem IDM in dem gezeigten Fall zu einem geringeren Energiebedarf von 4,1 Wh, was einer Verringerung um 4,4 % entspricht. Für den weiteren Vergleich sind zusätzlich die sich für den Antriebsstrang ergebenden Lastpunkte an der Kurbelwelle über die Drehzahl und das Drehmoment im unteren, linken Diagramm der Abbildung 3.1 dargestellt. Zusammen mit der rechts daneben dargestellten Häufigkeitsverteilung der Lastpunkte über dem Drehmoment zeigen sich ebenfalls vor allem die Unterschiede in den negativen Drehmomenten der Bremsung.

Im gezeigten Fall werden die Parameter des IDM an die Fahrsituation angepasst und zeigen damit die bestmöglichen Ergebnisse. Der Unterschied zwischen Realität und Simulation nimmt weiter zu, wenn wiederholt auftretende Fahrsituationen aus der Messung wiedergegeben werden sollen. In diesem Fall führen die Algorithmen zum Anpassen der Parameter beziehungsweise zum Trainieren der Modelle zur Mittelung, um die gemessene Breite der Fahrweise mit möglichst geringen Fehlern wiederzugeben. Diese Mittelung resultiert bei der separaten Betrachtung der Verläufe in größeren Unterschieden.

3.2.2 Das Probability-Based Driver Model (PBDM)

Einhergehend mit den zuvor gezeigten Unterschieden weisen aktuelle Fahrermodelle, wie in Kapitel 2.3.1 herausgestellt, einen Zielkonflikt hinsichtlich der Genauigkeit, der Nachvollziehbarkeit und dem Kalibrierungsaufwand auf. Dieser Konflikt wird mit der Entwicklung des PBDM adressiert und gelöst. Die Inhalte dieses Kapitels sind in [72] veröffentlicht.

Um reales Fahrverhalten genau nachbilden zu können, werden als Ausgangsbasis für das PBDM Realfahrtmessungen verwendet. Zur ganzheitlichen Beschreibung der Fahrweise müssen die Messungen Informationen über die zulässige Höchstgeschwindigkeit, die aktuelle Geschwindigkeit, die aktuelle

Beschleunigung, den Abstand zu ortsfesten Objekten wie Lichtsignalanlagen und den Abstand sowie die Relativgeschwindigkeit zu vorausfahrenden Fahrzeugen beinhalten. Zur Vereinfachung der Modellierung werden Fahrsituationen mit verschiedenen, zulässigen Höchstgeschwindigkeiten getrennt betrachtet. Damit müssen die ausgewählten Messungen alle Geschwindigkeitslimits abdecken, die anschließend simuliert werden sollen. Innerhalb jeder zulässigen Höchstgeschwindigkeit muss die Messung die folgenden Mindestanforderungen erfüllen. Es muss mindestens eine Beschleunigung aus dem Stand bei freier Fahrt bis zur maximalen Geschwindigkeit sowie eine Bremsung bis zum Stillstand des Fahrzeugs enthalten sein. Zusätzlich sollten möglichst viele unterschiedliche Situationen vorhanden sein, in denen einem vorausfahrenden Fahrzeug gefolgt wird. Erst mit diesen Informationen ist es möglich, die drei Fahraufgaben freie Fahrt, Bremsen und Folgen abzubilden. Für die Fahraufgaben werden zur weiteren Vereinfachung getrennte Teilmodelle erstellt. Dazu wird die Messung mit definierten Schwellwerten bezüglich der Informationen über den Abstand zu ortsfesten Objekten sowie den Abstand und die Relativgeschwindigkeit zu vorausfahrenden Fahrzeugen in die entsprechenden Teilausschnitte eingeteilt, wie in der Abbildung 3.2 gezeigt wird. Basierend auf den so reduzierten Messausschnitten werden Kennfelder erstellt. Diese werden verwendet, da sie sich unter anderem durch eine hohe Nachvollziehbarkeit auszeichnen. Damit ist es möglich, die Ausgabe des Modells bei der zusätzlichen Betrachtung der Eingänge zu jedem Zeitpunkt zurückzuverfolgen. Weiterhin können mit Kennfeldern beispielsweise die gezeigten Verläufe der Geschwindigkeit mit der zugehörigen Beschleunigung mit beliebiger Genauigkeit wiedergegeben werden. Dazu werden beide Größen in endlich viele, äquidistante Stützstellen eingeteilt und die entsprechenden Werte der Verläufe im Kennfeld hinterlegt. Zwischen den Stützstellen liegende Werte können mittels linearer Interpolation ermittelt und aufgerufen werden. Mit zunehmender Anzahl an Stützstellen wird der Interpolationsfehler reduziert und damit die Verläufe beliebig genau wiedergegeben. Bei der Auslegung ist jedoch der Speicherbedarf für die Kennfelder in den nachfolgenden Anwendungen zu berücksichtigen, so dass ein Kompromiss zwischen Genauigkeit und Speicherbedarf gefunden werden muss.

Darüber hinaus bietet diese Umsetzung die Möglichkeit, das Problem der Mittelung zu lösen. Im Fall von wiederholt auftretenden Fahrsituationen wie

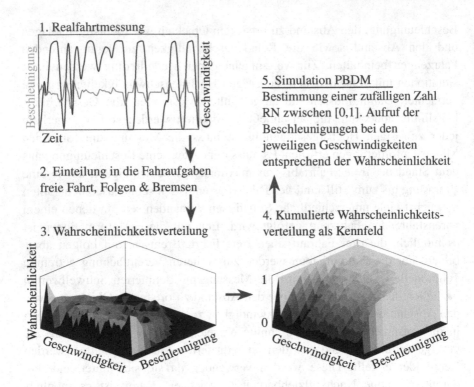

Abbildung 3.2: Generierung der Kennfelder aus Realfahrtmessungen und Simulation des PBDM

beispielsweise zwei Beschleunigungen aus dem Stillstand ist es unwahrscheinlich, dass der Fahrer exakt gleich wie zuvor beschleunigt. Um auch in diesem Fall die Fahrweise mit einer hohen Abbildungsgüte wiederzugeben, wird das Kennfeld um die zusätzliche Dimension der Wahrscheinlichkeit erweitert. Die Beschleunigungen werden dem Betrag nach aufsteigend dem Intervall entsprechend ihrer Wahrscheinlichkeit zugeordnet, wie es im dritten Schritt der Abbildung 3.2 dargestellt ist. Im genannten Beispiel mit zwei Beschleunigungen ist der ersten Hälfte des Intervalls die geringere Beschleunigung und der zweiten Hälfte die höhere Beschleunigung zugeordnet. Aus dieser Wahrscheinlichkeitsverteilung wird die kumulierte Häufigkeitsverteilung berechnet, die in der Dimension der Wahrscheinlichkeit im Intervall [0,1] definiert ist.

Diese Verteilung stellt das Kennfeld des PBDM dar. Wie im darauffolgenden, fünften Schritt der Abbildung 3.2 gezeigt wird, wird zur Simulation dieses Modells eine Zahl im Intervall [0,1] zufällig definiert. Mit dieser *RN* genannten Zahl (aus dem Englischen für „Random Number") und der aktuellen Fahrzeuggeschwindigkeit wird die zugehörige Beschleunigung aus dem Kennfeld bestimmt, mit der das Fahrzeug anschließend in der Simulation beschleunigt. Über die Zufallsentscheidung werden die Beschleunigungen entsprechend der Auftrittswahrscheinlichkeiten in der zugrunde liegenden Messung aufgerufen und die Fahrweise auf diese Weise in ihrer gesamten Breite wiedergegeben.

Für diese Modellierung der Wahrscheinlichkeiten ist die Annahme zu treffen, dass die zukünftige Fahrweise nur von dem aktuellen Zustand und nicht von den davor liegenden Zuständen abhängt. Grundlegend ist diese Eigenschaft für eine Folge von Entscheidungen von Markov definiert [85] und eignet sich zur Modellierung von Zustandsänderungen, falls eine Gedächtnislosigkeit für die Folge angenommen werden kann. Für die Generierung von Fahrzyklen wird die Gültigkeit dieser Annahme in [80] nachgewiesen. Beachtet werden muss jedoch, dass es damit unwahrscheinlich ist, dass der Verlauf einer Messung bei wiederholt auftretenden Zuständen in der Simulation genau wiedergegeben wird. Da dies jedoch auch nicht das gewünschte Ziel für die nachfolgenden Untersuchungen ist, sondern die Fahrweise in ihrer gesamten Breite statistisch wiederzugeben, wird das Modell auf die beschriebene Weise ausgelegt und verwendet.

Die genaue Ausgestaltung der einzelnen Fahraufgaben wird im Folgenden erläutert. Die jeweiligen Teilmodelle werden mittels definierter Schwellwerte bezüglich der Informationen über den Abstand zu ortsfesten Objekten sowie den Abstand und die Relativgeschwindigkeit zu vorausfahrenden Fahrzeugen aufgerufen.

Freie Fahrt

Ohne eine vorausliegende Kreuzung oder ein vorausfahrendes Fahrzeug hängt die Beschleunigung des Fahrers vor allem von der Differenz zwischen der aktuellen Geschwindigkeit v sowie der zulässigen Höchstgeschwindigkeit v_{zul} ab. Zusätzlich zu diesen gemessenen Größen wird zur Darstellung der Wahrscheinlichkeit die berechnete Größe RN benötigt. Damit wird das Kennfeld zur Bestimmung der Beschleunigung bei freier Fahrt $a_{FreieFahrt}$ durch die folgende Funktion 3.1 repräsentiert:

$$a_{FreieFahrt} = f(v, v_{zul}, RN) \qquad\qquad \text{Gl. 3.1}$$

Mit diesem Kennfeld ist es möglich, die gemessene Beschleunigung in Abbildung 3.1 genau nachzubilden, auch wenn diese einen komplexen Verlauf aufweist. Im Fall von wiederholt auftretenden Fahrsituationen ist mit der gewählten Modellierung nur die Darstellung der Fahrweise in der ganzen Breite möglich. Eine exakte Wiedergabe der beiden Verläufe ist unwahrscheinlich. Damit sich in diesem Fall die Beschleunigungen in einem Anfahrvorgang nicht willkürlich ändern, wird die RN erst bei Unterschreiten parametrierter Schwellwerte der Beschleunigung sowie nach Ablauf einer gewissen Zeit neu gesetzt. Auf diese Weise wird bei einem RN von beispielsweise 0,5 die mittlere Beschleunigung bis kurz vor Erreichen der Zielgeschwindigkeit gefahren. Zudem sind die gefahrenen Geschwindigkeiten auf die maximal gemessene Geschwindigkeit in der jeweiligen Geschwindigkeitszone unter Beachtung der Diskretisierung beschränkt.

Bremsen auf ortsfeste Objekte

Fahrer bremsen ihr Fahrzeug insbesondere in Abhängigkeit der aktuellen Geschwindigkeit und des Abstands Δs_{Stopp} zu einem ortsfesten Objekt wie beispielsweise einer Lichtsignalanlage ab. Damit erweitert sich die zuvor genannte Funktion 3.1 für die Fahrsituation Bremsen um den Abstand zu einem ortsfesten Objekt Δs_{Stopp}:

$$a_{Bremsen} = f(v, v_{zul}, RN, \Delta s_{Stopp}) \qquad\qquad \text{Gl. 3.2}$$

Durch die zusätzliche Dimension erhöht sich die Komplexität der Kennfelder. Da auch langsame Bremsungen aus hohen Geschwindigkeiten zu modellieren sind, ist bei der Bestimmung der äquidistanten Schrittweiten des Abstands der Speicherbedarf des Modells ausschlaggebend für die erzielbare Güte. Hohe Genauigkeiten sind gerade bei Bremsvorgängen für die nachfolgenden Untersuchungen relevant, da die untersuchten elektrifizierten Antriebsstränge Rekuperation ermöglichen. Zusätzlich sind die Kennfelder über die Messdaten hinaus so zu erweitern, dass das Fahrermodell auch bei auf gelb wechselnden

Lichtsignalanlagen und geringen Abständen zu den Anlagen entsprechend stark verzögern kann. Unter Berücksichtigung einer maximalen Verzögerung werden für diese Bereiche die Verzögerungen so bestimmt, dass bei konstantem Einregeln dieser Verzögerung das Fahrzeug mit einer gewissen Sicherheit vor der Ampel zum Stillstand kommt. Bei Erreichen der maximalen Verzögerung sind die Lichtsignalanlagen so parametriert, dass die Gelbphase ausreichend lang ist und das simulierte Fahrzeug innerhalb dieser Phase die Lichtsignalanlage passiert. Situationen, in denen die Abstände größer sind als gemessene Abstände bei denen das Fahrzeug in der Messung verzögert hat, werden wie die freie Fahrt parametriert.

Um auch Übergänge zwischen zwei zulässigen Höchstgeschwindigkeiten zu ermöglichen, sind die Kennfelder der niedrigeren zulässigen Höchstgeschwindigkeit so parametriert, dass entsprechend der gemessenen Bremsungen in den höheren Limits, das Fahrzeug bei Einfahrt in das niedrige Limit verzögert. Der auf diese Weise modellierte Übergang führt zu geringen Abweichungen zur Realität, da der Fahrer in der Simulation erst nach Einfahrt in eine Zone mit niedrigerer, zulässiger Höchstgeschwindigkeit verzögert und nicht schon vorher die Geschwindigkeit anpasst. Diese Abweichung ist jedoch gering, so dass diese für die geplanten Untersuchungen nicht weiter relevant ist.

Entsprechend den vorangehenden Ausführungen werden auch die Bremsungen mit der aufgetretenen Wahrscheinlichkeit abgebildet. Ebenfalls wird die *RN* erst bei Unterschreiten gewisser Verzögerungen sowie mit Ablauf eines gewissen Zeitraums neu bestimmt.

Folgen vorausfahrender Fahrzeuge

Beim Folgen vorausfahrender Fahrzeuge ist das Fahrverhalten insbesondere durch den Abstand $\Delta s_{vorausFzg}$ sowie die Relativgeschwindigkeit $\Delta v_{vorausFzg}$ zum vorausfahrenden Fahrzeug beeinflusst. Damit wird das Verhalten mit der folgenden Funktion beschrieben:

$$a_{Folgen} = f(v, v_{zul}, RN, \Delta s_{vorausFzg}, \Delta v_{vorausFzg}) \qquad \text{Gl. 3.3}$$

Zur Abbildung dieser Funktion wird ein vierdimensionales Kennfeld benötigt, welches den Speicherbedarf bei der gewünschten Genauigkeit merklich erhöht. Wie zuvor beim Bremsen auf ortsfeste Objekte beschrieben, sind auch hier für die nachfolgenden Betrachtungen mit elektrifizierten Fahrzeugen kurze

Schrittweiten vorteilhaft. Insbesondere bei dieser Fahraufgabe werden wegen der Dimensionen v, $\Delta s_{vorausFzg}$ und $\Delta v_{vorausFzg}$ viele Datenpunkte für die Generierung des Kennfelds bei einer zulässigen Höchstgeschwindigkeit benötigt. Mögliche Situationen über die keine Messdaten vorliegen müssen in diesem Fall durch Interpolation vorhandener Daten ermittelt werden. Die Randbereiche der Kennfelder werden bei fehlenden Daten mit ausreichend hohen Verzögerungen zur Vermeidung von Unfällen vergleichbar zur Fahraufgabe Bremsen parametriert. Auch hier umfasst die Modellierung die gemessenen Auftrittswahrscheinlichkeiten einzelner Fahrzustände vergleichbar mit den zuvor erläuterten Fahraufgaben.

Validierung des PBDM

Die Modellierungen der Fahraufgaben freie Fahrt und Bremsen des PBDM werden in einem ersten Schritt anhand der in Abbildung 3.1 gezeigten Messfahrt validiert. Zusätzlich wird das PBDM gegenüber zwei anderen, den Stand der Technik repräsentierenden Modelle hinsichtlich des angesprochenen Zielkonflikts aus Genauigkeit, Nachvollziehbarkeit und Kalibrierungsaufwand bewertet. Aus der Kategorie der deskriptiven Modelle wird das bereits in SUMO implementierte Fahrermodell IDM ausgewählt und dessen Parameter an die Messung angepasst. Die beiden genannten Modelle werden mit einem lernenden Modell auf Basis eines vorwärtsgerichteten Neuronalen Netzes verglichen, welches auf der Auslegung und dem Training von [40] beruht. Da in [40] das Modell nur für die Fahraufgabe Folgen ausgelegt wurde, wird die eigene Implementierung auf die beiden anderen Fahraufgaben wie folgt erweitert. Vergleichbar zum PBDM wird dabei im Fall der freien Fahrt die aktuelle Geschwindigkeit sowie die zulässige Höchstgeschwindigkeit als Eingangsgröße verwendet. Beim Bremsen wird das Modell entsprechend über die Information des Abstands zum ortsfesten Objekt erweitert. Grundlegend wird zum Aufbau die frei zugänglichen Bibliothek „Fast Artificial Neural Network (FANN)" [58] verwendet. Im Folgenden wird das entwickelte Modell mit Artificial Neural Network (ANN) bezeichnet.

Die Trainings- und Testdaten für das PBDM werden aus der in Abbildung 3.1 gezeigten Messfahrt ausgewählt. Nach Einteilung in die Fahraufgaben werden die Trainingsdaten zur Generierung der Kennfelder verwendet. Ebenfalls werden die Parameter des IDM als auch die neuronalen Netze des ANN auf Basis dieser Daten bestimmt. Anschließend werden die so parametrierten Modelle in der Verkehrssimulation in einer zur Messung vergleichbaren Fahrsituation simuliert. Die Beschleunigungs- und Geschwindigkeitsverläufe der simulierten Fahrzeuge im Fall freier Fahrt sind im Vergleich zur Messung in Abbildung 3.3 dargestellt. Wie zu sehen ist, folgt das PBDM dem gemessenen Verlauf mit einer hohen Genauigkeit.

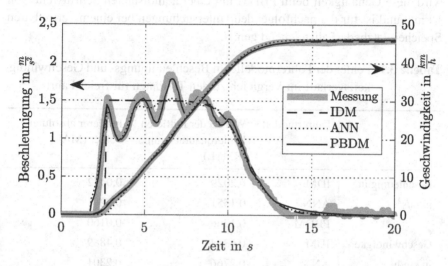

Abbildung 3.3: Beschleunigungs- und Geschwindigkeitsverlauf der Fahrermodelle im Vergleich zu den Trainingsdaten für freie Fahrt

Über den optischen Vergleich hinausgehend sind zur weiteren Bewertung zum einen die Wurzel der mittleren Fehlerquadratsumme (englisch: Root-mean-square error (RMSE)) und zum anderen der mittlere absolute Fehler (englisch: Mean absolute error (MAE)) in Tabelle 3.1 dargestellt. Die in der Abbildung 3.3 ersichtlichen Abbildungsgüte des PBDM wird mit den geringen Fehlern in der Tabelle 3.1 bestätigt. Das IDM zeigt bedingt durch den formelbasierten Ansatz einen einfachen Verlauf der Beschleunigung, der in niedrigen Geschwindigkeiten hoch ist und mit zunehmender Geschwindigkeit abnimmt. Der daraus resultierende Geschwindigkeitsverlauf weist mit einem RMSE von 0,6314 km/h und mit einem MAE von 0,4889 km/h im Vergleich zu den anderen Modellen hohe Fehler auf. Das ANN zeigt im Vergleich zum PBDM leicht geringere Fehler im Geschwindigkeitsverlauf, dafür aber leicht höhere in dem Beschleunigungsverlauf, wie in Abbildung 3.3 zu sehen ist. Beide genannten Modelle liegen damit auf einem ähnlich hohen Niveau der Abbildungsgüte, wobei insbesondere die genaue Wiedergabe von den Beschleunigungen aufgrund der daraus resultierenden höheren Leistungsanforderungen für die nachfolgenden Analysen von hoher Bedeutung ist. Erzielt wird diese Genauigkeit beim PBDM mit einer äquidistanten Schrittweite von 1 km/h und ist für die nachfolgenden Untersuchungen bei einem vertretbaren Speicherplatzbedarf ausreichend genau.

Tabelle 3.1: Fehler der Fahrermodelle im Beschleunigungs- und Geschwindigkeitsverlauf im Vergleich zu den Testdaten für freier Fahrt

	Fahrermodell	Wurzel der mittleren Fehlerquadratsumme (RMSE)	mittlerer absoluter Fehler (MAE)
Beschleunigung in m/s^2	IDM	0,2029	0,0412
	ANN	0,1551	0,0241
	PBDM	0,1266	0,0160
Geschwindigkeit in km/h	IDM	0,6314	0,4889
	ANN	0,2766	0,2301
	PBDM	0,3194	0,2652

Die Validierung und Bewertung des PBDM für die Fahraufgabe Bremsen erfolgt vergleichbar zur freien Fahrt. Grundlage ist hier ebenfalls die Messung in Abbildung 3.1. Betrachtet wird hier der Messabschnitt ab Sekunde 25. Wie bereits erwähnt, ist die genaue Abbildung des Bremsens aufgrund der Auswirkungen auf die Rekuperation für die nachfolgenden Untersuchungen von hoher Bedeutung. Besonders relevant ist dies in hohen Geschwindigkeiten und damit einhergehenden hohen Leistungen. Die folgende Abbildung 3.4 zeigt die Simulationsergebnisse der drei Modelle im Vergleich zu der Messung. Wie anhand von Abbildung 3.4 zu sehen ist, weicht das IDM deutlich von der Messfahrt ab. Vor allem in den hohen Geschwindigkeiten zeigen sich große Unterschiede zur Messung. Auch das ANN offenbart in den

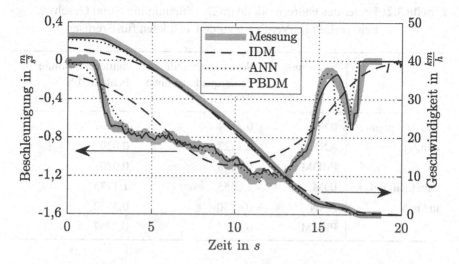

Abbildung 3.4: Beschleunigungs- und Geschwindigkeitsverlauf der Fahrermodelle im Vergleich zu den Trainingsdaten für Bremsen

hohen Geschwindigkeiten sichtbare Abweichungen, auch wenn diese deutlich
geringer sind als beim IDM. Das PBDM folgt den beiden Verläufen mit hoher
Genauigkeit. Als Schrittweite für die Geschwindigkeit wurde hier ebenfalls
1 km/h ausgewählt und für den Abstand zum ortsfesten Objekt 3 m. Die leicht
höheren Fehler in geringen Geschwindigkeiten gehen aus diesem gewählten
Kompromiss hinsichtlich Genauigkeit und Speicherplatzbedarf hervor. Da
diese jedoch in Bereichen liegen, in denen die Rekuperationseigenschaft der
Fahrzeuge eingeschränkt ist, sind diese Abweichungen vertretbar. Aus diesem
Grund sind der RMSE und der MAE des PBDM in der Beschleunigung leicht
höher als die Fehler des ANN, wie in der nachfolgenden Tabelle 3.2 zu sehen
ist. Der Geschwindigkeitsverlauf hingegen wird vom PBDM am genausten
abgebildet. Der RMSE beträgt hierbei 0,4037 km/h und der MAE 0,2967 km/h.

Aufgrund von nicht vorhandenen Richtlinien zur Auslegung des ANN ist es
nicht möglich, das neuronale Netz optimal auszulegen und zu trainieren. Die
in dieser Arbeit gefundene beste Auslegung sowie das geeignetste Training
resultieren in den dargestellten Ergebnissen. Zusätzlich verläuft bei diesem

Tabelle 3.2: Fehler der Fahrermodelle im Beschleunigungs- und Geschwindigkeitsverlauf im Vergleich zu den Testdaten für Bremsen

	Fahrermodell	Wurzel der mittleren Fehlerquadratsumme (RMSE)	mittlerer absoluter Fehler (MAE)
Beschleunigung	IDM	0,2524	0,0637
in m/s²	ANN	0,1422	0,0202
	PBDM	0,1438	0,0207
Geschwindigkeit	IDM	1,6655	1,1275
in km/h	ANN	0,4850	0,3232
	PBDM	0,4073	0,2967

Modell das Training auch mit unterschiedlichen Algorithmen und Übergangs-
funktionen nicht immer zielführend. Neben der geringen Nachvollziehbarkeit
der neuronalen Netze dieses Modells zeigt sich damit ein weiterer Nachteil
gegenüber dem PBDM. Zu den beschriebenen Problemen bei der Auslegung
und dem Training kommt hinzu, dass Fahrsituationen, die von der Messung
nicht abgedeckt werden und in der Simulation vorkommen, zu unplausiblem
Verhalten des ANN führen können. Insbesondere das Folgen von Fahrzeugen
ist nicht ganzheitlich mit vertretbarem Aufwand zu erfassen. Aus diesen
Gründen wird für die weitergehenden Untersuchungen nur noch das PBDM
betrachtet.

Eine ganzheitliche Simulation und Validierung ist bei der Fahraufgabe Folgen
nicht möglich, da der Raum an möglichen Fahrsituationen nicht direkt
in der Verkehrssimulation nachgestellt werden kann. Aus diesem Grund
werden zur Validierung eine Vielzahl an Simulationen betrachtet, welche die
drei Fahraufgaben in verschiedensten Situationen beinhalten und statistisch
ausgewertet werden. Diese zusammengenommen über 10 km lange Fahrt hat
durchgehend 50 km/h als zulässige Geschwindigkeit.

Zur Validierung wird die Verteilung der Beschleunigung über die Geschwindigkeit von der Simulation im Vergleich zur zugrundeliegenden Messung be-

trachtet, siehe Abbildung 3.5. Damit ist eine Bewertung möglich, inwiefern das PBDM die Grenzen der gemessenen Fahrweise einhält. Die äußere, schwarz hervorgehobene Linie zeigt die gemessenen maximalen Beschleunigungen und Verzögerungen. Die Beschleunigung beträgt maximal 2,48 m/s^2 und die Verzögerung -2,9 m/s^2. Die höchste Geschwindigkeit ist 46,87 km/h. Die dargestellte Häufigkeitsverteilung der Simulation veranschaulicht, dass

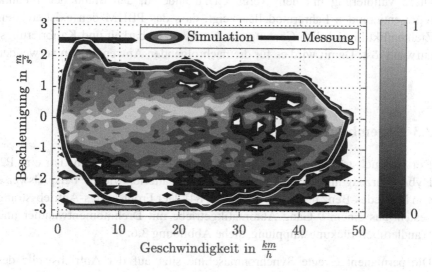

Abbildung 3.5: Beschleunigungs- und Geschwindigkeitsverteilung des PBDM für freie Fahrt, Bremsen und Folgen

ein Großteil der Beschleunigungen des PBDM innerhalb der Grenzen der Messung liegen. Das leichte Überschreiten der gemessenen Grenzen in den positiven Beschleunigungen liegt an Fehlern durch die Interpolation sowie die Einteilung in äquidistante Schrittweiten und ist vertretbar. Die hohen Beschleunigungen in niedrigen Geschwindigkeiten liegen an Fehlern in der Verkehrssimulation SUMO an Fahrbahnübergängen. Diese treten allerdings nur geringfügig auf und sind ebenfalls zu vernachlässigen. Demgegenüber weisen die Verzögerungen größere Abweichungen auf. Begrenzt auf die maximal gemessene Verzögerung über den gesamten Geschwindigkeitsbereich kommt es in der Simulation zu Situationen, die in der Messung nicht aufgetreten sind und in denen das Fahrzeug stärker verzögern muss. Ursache hierfür können beispielsweise Signalwechsel von Lichtsignalanlagen sowie voraus einscherende Fahrzeuge sein. Die hohen Verzögerungen dienen hiermit zur Vermeidung von Unfällen. Mit dieser Betrachtung der Grenzbereiche wird bestätigt, dass das PBDM das gemessene Fahrverhalten mit einer hohen Abbildungsgüte wiedergibt.

Diese Validierung mit dem Vergleich zu anderen, den Stand der Technik repräsentierenden Fahrermodellen zeigt, dass das PBDM den existierenden Zielkonflikt hinsichtlich Genauigkeit, Nachvollziehbarkeit und Kalibrierungs-aufwand löst. Damit wird es für die nachfolgenden Anwendungen verwendet.

3.3 Systembeschreibung

Der Versuchsträger für die nachfolgenden Untersuchungen ist ein P2-Hybridfahrzeug mit extern aufladbarer HV-Batterie, wie es beispielsweise von Mercedes-Benz hergestellt wird [55, 84]. Der Front-Längs-Antriebsstrang besteht aus einem 9-Gang Automatikgetriebe mit Drehmomentwandler und Wandlerüberbrückungskupplung, siehe Abbildung 3.6.

Die permanent erregte Synchronmaschine sitzt auf der Antriebswelle des Pumpenrads und liefert ein maximales Drehmoment von ungefähr 440 Nm und eine maximale Leistung von ungefähr 90 kW. Mit elektrischer Energie wird die EM aus einer 13,32 kWh großen HV-Batterie versorgt, die im Heck des Fahrzeugs über dem Differential angeordnet ist. Beim rein elektrischen Antrieb kann der 2,0 l-turboaufgeladene 4-Zylinder Ottomotor [56] über eine Trennkupplung abgekuppelt werden. Der Ottomotor leistet maximal 155 kW und ein Drehmoment von 350 Nm. Bis zur Saugvolllast steigt bei gleicher Drehzahl und zunehmendem Drehmoment der spezifische Wirkungsgrad des Verbrennungsmotors an. Mit darüber hinausgehenden Drehmomentanforderungen verringert sich der spezifische Wirkungsgrad in den niedrigen Drehzahlen vor allem aufgrund der Zündzeitpunktverstellung nach spät zur Vermeidung von Klopfen. In den höheren Drehzahlen wird der Verbrennungsmotor zum Bauteilschutz mit einem Kraftstoffüberschuss betrieben. Die zunehmenden Reibungsverluste sind der Grund für den mit steigenden Dreh-

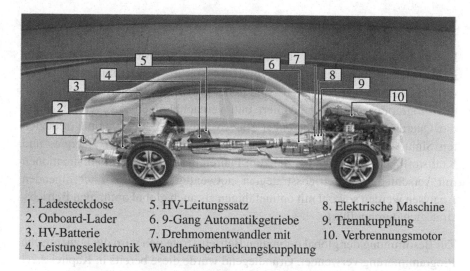

1. Ladesteckdose   5. HV-Leitungssatz   8. Elektrische Maschine
2. Onboard-Lader   6. 9-Gang Automatikgetriebe   9. Trennkupplung
3. HV-Batterie   7. Drehmomentwandler mit   10. Verbrennungsmotor
4. Leistungselektronik   Wandlerüberbrückungskupplung

Abbildung 3.6: Gläserne Abbildung des Versuchsträgers [55] erweitert um die Beschriftung der Komponenten

zahlen sinkendem spezifischen Wirkungsgrad. Diese für turboaufgeladene VM charakteristischen Eigenschaften finden sich auch in vergleichbaren VM mit anderem Hubraum beziehungsweise anderer Zylinderanzahl wieder. Um die Problemstellung im Folgenden klein zu halten, werden die Analysen für den hier vorgestellten VM durchgeführt. Die damit erzielten Ergebnisse sind jedoch entsprechend auf weitere VM übertragbar.

Je nach optionaler Ausstattung des Fahrzeugs sind die Fahrwiderstände unterschiedlich hoch. Daher wird in der Zertifizierungsvorschrift WLTP [1] das gesamte, mögliche Spektrum hinsichtlich unterschiedlich hoher Fahrwiderstände abgedeckt und zertifiziert. Für die folgenden Untersuchungen werden die vergleichsweise hohen Fahrwiderstände gewählt.

3.4 Fahrzeugsimulation

Für die geplanten Untersuchungen werden bestehende Modelle [32] des zuvor in Kapitel 3.3 vorgestellten P2-Hybridfahrzeugs verwendet und teilweise erweitert. Die Simulationsmodelle sind in der graphischen Oberfläche Simulink des Programms Matlab modelliert und vernachlässigen zur Vereinfachung die Querdynamik des Fahrzeugs. Die so auf die Längsdynamik reduzierten Simulationsmodelle werden zur Berechnung elektrischer Energie- und Kraftstoffbedarfe verwendet, die zum Fahren der generierten Fahrsituationen mit verschiedenen Betriebsstrategien notwendig sind. Die nachfolgenden Analysen werden sowohl mit onlinefähigen als auch global optimalen Betriebsstrategien durchgeführt.

Zur Bestimmung der global optimalen Betriebsstrategien wird die Dynamische Programmierung verwendet. Grundlegend wurde diese bereits in Kapitel 2.2.1 erläutert. Die dabei ausgeführte schrittweise Berechnung der Übergangskosten und Zielzustände ausgehend von den möglichen Zuständen erfordert ein quasistatisches rückwärtsgerichtetes Längsdynamiksimulationsmodell. In dieser Berechnungsrichtung wird mit dem Fahrprofil die Fahrzeuggeschwindigkeit vorgegeben und damit über den dynamischen Raddurchmesser die Raddrehzahl des Fahrzeugs bestimmt. Weiterhin werden basierend auf der Vorgabe die Fahrwiderstände des Fahrzeugs und damit die benötigten Drehmomente an den Antriebsrädern berechnet. Ausgehend von den Rädern werden die Antriebsstrangkomponenten des Fahrzeugs rückwärts durchlaufen. Die modellierten Antriebsstrangkomponenten sowie die Bestimmungsrichtung der jeweiligen Drehmomente und Drehzahlen sind in Abbildung 3.7 veranschaulicht. Die einzelnen Teilmodelle der Antriebsstrangkomponenten sind quasistatisch und kennfeldbasiert umgesetzt. Die Reibungsverluste des Differentials und des Getriebes werden über last-und temperaturabhängige Kennfelder dargestellt. Zusätzlich wird die zum Betreiben der Ölpumpe notwendige Leistung beachtet. Weiterhin wird der Drehmomentwandler mit Wandlerüberbrückungskupplung über ein quasistatisches Kennfeld modelliert, mit dem die Pumpendrehzahl und das Pumpendrehmoment bestimmt werden und damit die Verluste beinhaltet sind. Da in den folgenden Untersuchungen nur der Kraftstoffbedarf und keine weiteren Emissionen betrachtet werden, wird auch der VM mit der Vernachlässigung dynamischer Effekte über ein quasistatisch vermessenes

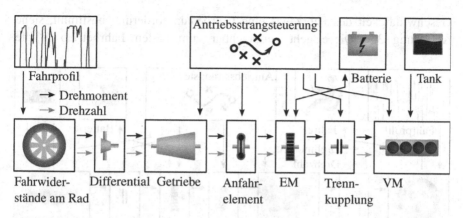

Abbildung 3.7: Rückwärtsgerichtetes Längsdynamiksimulationsmodell des P2-Hybridantriebs des Versuchsträgers

Kennfeld abgebildet. Ebenfalls wird die EM zusammen mit der Leistungselektronik über ein quasistatisches Kennfeld modelliert. Die HV-Batterie wird über ein statisches Ersatzschaltbildmodell dargestellt.

In der rückwärtsgerichteten Längsdynamiksimulation ist sicherzustellen, dass die Energiewandler die mit dem Fahrprofil geforderten Drehzahlen und Drehmomente bereitstellen können. Auf Basis dieser Ausgangsanforderung und damit entgegen der Wirkrichtung im realen Fahrzeug sind die Entscheidungen der Antriebsstrangsteuerung zum Betrieb der Energie-, Drehzahl- und Drehmomentwandler zu treffen. Die Wahl des Getriebegangs ist wie in Kapitel 2.2 begründet vereinfacht über Schaltlinien in Abhängigkeit der Getriebeausgangsdrehzahl und des Getriebeausgangsdrehmoments hinterlegt. Die Betriebsstrategie legt die Drehmomentaufteilung zwischen der EM und dem VM fest, in dessen Abhängigkeit die Wandlerüberbrückungskupplung sowie die Trennkupplung angesteuert werden.

Im Gegensatz zur rückwärtsgerichteten Modellierung kann die Simulationsvorgabe beim vorwärtsgerichteten Längsdynamiksimulationsmodell auch über die Systemgrenzen der Energiewandler hinausgehende Fahranforderungen beinhalten. Über den als Proportional-Integral-Regler (PI-Regler) dargestellten Fahrer wird auf Grundlage der Differenz zwischen Soll- und Ist-

Geschwindigkeit des Fahrzeugs eine Fahrpedalanforderung bestimmt, siehe
Abbildung 3.8. Diese geht vergleichbar zum realen Fahrbetrieb in die

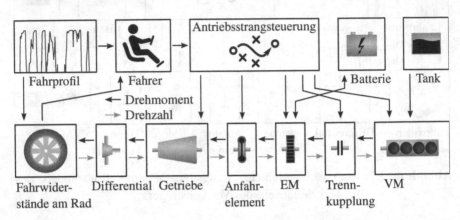

Abbildung 3.8: Vorwärtsgerichtetes Längsdynamiksimulationsmodell des P2-
Hybridantriebs des Versuchsträgers

Antriebstrangsteuerung ein, in der der aktuelle Gang festgelegt wird. Basierend auf der vom Rad aus berechneten Getriebeeingangsdrehzahl und
der Fahrpedalanforderung werden die Drehmomente der EM und des VM
sowie die Ansteuerung der Kupplungselemente bestimmt. Die Drehmomente
der Energiewandler sind entsprechend ihrer Auslegung limitiert. Über die
Wirkungsgradkennfelder wird das sich ergebende Drehmoment am Rad
bestimmt. Aus der Summe dieses Drehmoments und der Fahrwiderstände
wird die sich ergebende Fahrzeugbeschleunigung berechnet. Im Fall von
zu hohen Fahranforderungen sowie allgemeinen Regelabweichungen kommt
es damit zu Differenzen zwischen der Geschwindigkeitsvorgabe und der
Ist-Geschwindigkeit des Fahrzeugs. Die resultierende Abweichung ist im
Nachgang zu bewerten. Somit stellt das vorwärtsgerichtete Längsdynamiksimulationsmodell einen geschlossenen Regelkreis dar.

Aufgrund der vorwärtsgerichteten Berechnung ist es hier für höhere Ge-
nauigkeiten möglich, dynamische Effekte in der HV-Batterie zu betrachten.
Daher wird in diesem Fall ein dynamisches Ersatzschaltmodell verwendet.
Die weiteren Teilmodelle des Antriebsstrangs entsprechen bis auf geringen
Unterschieden denen der rückwärtsgerichteten Längsdynamiksimulation.

Sowohl im rückwärts- als auch im vorwärtsgerichteten Längsdynamiksimulationsmodell ist die Rekuperationseigenschaft des Versuchsträgers abgebildet. Trotz energetischer Abgleiche kommt es zu Abweichungen zwischen der Simulation und der Realität, da in realen Fahrsituationen in einigen Fällen aus Gründen der Sicherheit nicht rekuperativ gebremst werden kann und dieses nicht abgebildet ist. In solchen Fällen liefert die Längsdynamiksimulation geringere elektrische Energiebedarfe als sie in der Realität benötigt werden. Validiert sind die Längsdynamiksimulationsmodelle bei rein elektrischem Betrieb im Vergleich zu Rollenprüfstandsmessungen für den Zertifizierungszyklus WLTP. Aufgrund der unterschiedlichen Umsetzungen kommt es zu geringfügigen Abweichungen zwischen den beiden Modellen. Zusammenfassend geben die vorgestellten Längsdynamiksimulationsmodelle die Realität ausreichend genau wieder und eignen sich damit für die folgenden Analysen.

4 Generierung von Fahrsituationen

In dieser Arbeit ist eine Fahrsituation eine Fahrt, die über die gesamte Länge gleichbleibende Eigenschaften hinsichtlich der Fahrweise, des Verkehrsaufkommens, der Verkehrsregelung sowie der Umgebungsbedingungen aufweist. Die nachfolgenden Analysen basieren auf solchen Fahrsituationen mit unterschiedlich starken Ausprägungen der genannten Eigenschaften. Zur Generierung der zugehörigen Geschwindigkeitsverläufe wird das zuvor erläuterte Fahrermodell PBDM zusammen mit der Verkehrssimulation SUMO verwendet. Hier können die Ausprägungen der Eigenschaften parametriert werden, wie im Folgenden zunächst erläutert wird. Anschließend wird auf die Reproduzierbarkeit der Verkehrssimulationen sowie die betrachteten Steigungsverläufe eingegangen.

4.1 Parametrierung der Verkehrssimulation

Die Parametrierungen der Verkehrssimulationen zur Generierung der Fahrsituationen werden so gewählt, dass die genannten Eigenschaften der Fahrsituationen (Fahrweise, Verkehrsregelung und Verkehrsaufkommen) in verschieden starken Ausprägungen differenziert betrachtet werden können. Dazu wird initial ein Straßennetz benötigt, welches zur Eignung für die Untersuchungen die folgenden Anforderungen erfüllen muss: Das Straßennetz sollte eine durchgehende zulässige Höchstgeschwindigkeit besitzen und mit vielen Kreuzungen die Möglichkeit zur Beeinflussung der Fahrt über die Verkehrsregelung aufweisen. Als Beispiel ist in Abbildung 4.1 der aus OpenStreetMap [62] exportierte Kartenausschnitt eines solchen, geeigneten Straßennetzes für eine zulässige Höchstgeschwindigkeit von 30 km/h dargestellt (siehe Kapitel 3.1.1 für den Export, die Konvertierung und die Anpassung von Straßennetzen).

Anhand dieses Straßennetzes werden die Routen der Fahrer-Fahrzeug-Einheiten festgelegt. Die Hauptroute der Verkehrssimulation führt im gezeigten Straßennetz über die gekennzeichneten Punkte von A über B zurück

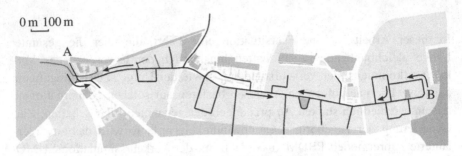

Abbildung 4.1: Straßennetz zur Generierung von Geschwindigkeitsverläufen
für die zulässige Höchstgeschwindigkeit von 30 km/h

nach A. Auf dieser knapp über 4 km langen Route fährt die betrachtete
Fahrer-Fahrzeug-Einheit mit dem PBDM als Fahrermodell. So legt diese
Einheit zum einen eine lange Strecke zurück und zum anderen weist diese
möglichst viele Kreuzungen auf. Etwaige weitere Fahrer-Fahrzeug-Einheiten
fahren neben dieser auch andere Routen, die jeweils gewisse Schnittmengen
mit der Hauptroute aufweisen. Der Startpunkt dieser Routen liegt teilweise
so, dass die weiteren Verkehrsteilnehmer über die kreuzenden Straßen auf die
Hauptroute einfahren. Die kreuzenden Straßen sind so gekürzt, dass nur die für
die Simulation relevanten Eigenschaften noch vorhanden sind. Dazu zählen
Möglichkeiten zum Ein- und Ausfahren aus dem Straßennetz, die Verkehrsregelung zum Umkehren der Fahrtrichtung sowie die Vorfahrtsregelung an
der Kreuzung zur Hauptroute. Die genaue Bestimmung von Routen für die
Verkehrssimulation ist in Kapitel 3.1.2 beschrieben.

Auf dieser Basis können für eine zulässige Höchstgeschwindigkeit die gewünschten Variationen hinsichtlich der Fahrweise, des Verkehrsaufkommens
und der Verkehrsregelung durchgeführt werden. Die Fahrweise wird in
Anbetracht der nachfolgenden Analysen anhand der energetisch relevanten
Eigenschaften variiert. Dazu zählen das Beschleunigungs- und Bremsverhalten
sowie die gefahrene Zielgeschwindigkeit in Relation zur zulässigen Höchstgeschwindigkeit. Für eine ganzheitliche Betrachtung werden die folgenden drei
Fahrweisen ausgewählt:

1. Fahrweise: durchschnittliche Beschleunigungen und Verzögerungen, leicht höhere Zielgeschwindigkeiten

2. Fahrweise: starke Beschleunigungen und Verzögerungen, hohe Zielgeschwindigkeiten

3. Fahrweise: geringe Beschleunigungen und Verzögerungen, häufiger Tempomatbetrieb mit der zulässigen Höchstgeschwindigkeit als Setzgeschwindigkeit

Zur Veranschaulichung der damit betrachteten Breite an Fahrercharakteristiken sind die drei Fahrweisen für eine zulässige Höchstgeschwindigkeit im Anhang A.1 dargestellt. Für jede Fahrweise wird zur Bestimmung der Kennfelder des PBDM jeweils eine Realfahrtmessung in dem Straßennetz benötigt.

Zur Variation der Verkehrsregelung wird die Vorfahrtsregelung an Straßenkreuzungen in der Verkehrssimulation meist über Lichtsignalanlagen dargestellt. Auf diese Weise kann die Vorfahrt über die Verlängerung der Grünphase der Hauptroute parametriert werden. Um diese Verlängerung beziffern zu können, wird der folgende Grünphasenindex *GPI* eingeführt.

$$GPI = \{n \in Z | 1 \leq n \leq 9\} \qquad \text{Gl. 4.1}$$

Geringe Werte des *GPI* beschreiben Lichtsignalanlagen mit kurzen Grünphasen, wohingegen hohe Werte für lange Grünphasen stehen. In der Ausgangskonfiguration ist der *GPI* gleich neun und die Grünphasen sind auf der Hauptroute entsprechend lang eingestellt. Damit wird die betrachtete Fahrer-Fahrzeug-Einheit nur geringfügig durch die Lichtsignalanlagen beeinflusst.

Das Verkehrsaufkommen wird zum einen über die Anzahl weiterer Fahrer-Fahrzeug-Einheiten sowie über den Abstand der einzelnen Startzeitpunkte eingestellt. Die weiteren Fahrer-Fahrzeug-Einheiten fahren in der Verkehrssimulation mit dem IDM als Fahrermodell, da dieses einen geringeren Rechenaufwand sowie eine geringe Anzahl an Parametern aufweist. Die in Kapitel 3.2.2 gezeigte geringere Genauigkeit im Vergleich zum PBDM ist für die weiteren Verkehrsteilnehmer ausreichend und hat keine relevanten Auswirkungen für die geplanten Untersuchungen.

Mit den genannten Möglichkeiten zur Variation der Verkehrssimulation wird ein Raum an, über die Parametersätze beschreibbaren, Fahrsituationen aufgespannt. Der Ausgangspunkt wird so parametriert, dass die betrachtete Fahrer-Fahrzeug-Einheit weder durch Lichtsignalanlagen noch durch Verkehr beeinflusst wird. Der sich aus dieser Ausgangskonfiguration mit der Verkehrssimulation ergebende Geschwindigkeitsverlauf ist für eine Fahrweise unten links in der Abbildung 4.2 dargestellt. Ausgehend von dieser Konfiguration

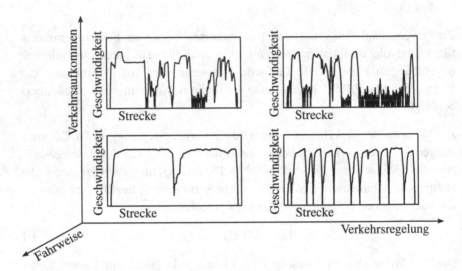

Abbildung 4.2: Die Eckpunkte der generierten Geschwindigkeitsverläufen für eine zulässige Höchstgeschwindigkeit und Fahrweise

werden die Dimensionen Verkehrsaufkommen und Verkehrsregelung separat schrittweise erhöht. Für das erste Straßennetz mit der durchgehenden zulässigen Geschwindigkeit von 30 km/h werden vier verschieden starke Verkehrsaufkommen von keinem Verkehr bis hin zu viel Verkehr berechnet. Weiterhin wird die Verkehrsregelung in vier Schritten von fast keiner Beeinflussung bis hin zu starker Beeinflussung durch die Lichtsignalanlagen auf der Hauptroute variiert. Somit weist der Raum zur Generierung der Fahrsituationen 16 Parametersätze auf. Die weiteren damit erzielten Eckpunkte der unterschiedlich starken Ausprägungen sind ebenfalls in der Abbildung 4.2 dargestellt. Zur Übersichtlichkeit ist in der Abbildung 4.2 die Variation der Fahrweise nur als weitere Dimension angedeutet. Diese wird ebenfalls zur Generierung weiterer Geschwindigkeitsprofile mit den vorgestellten Fahrweisen verändert.

Zur ganzheitlichen Betrachtung von Stadt-, Überland- und Autobahnfahrten werden weitere Straßennetze mit anderen zulässigen Höchstgeschwindigkeiten ausgewählt. Im Fall der Stadtfahrten wird zusätzlich ein Straßennetz mit einer zulässigen Höchstgeschwindigkeit von 50 km/h betrachtet. Die weiteren Parametrierungen hinsichtlich des Verkehrs, der Verkehrsregelung sowie der Fahrweise entsprechen den der zuvor erläuterten Stadtfahrten mit zulässigen Höchstgeschwindigkeiten von 30 km/h, wie in Tabelle 4.1 zu sehen ist. Für Überlandfahrten werden Straßennetze mit 70 km/h und

Tabelle 4.1: Betrachtete Parametrierungen der Verkehrssimulation

	zulässige Höchst- geschwindigkeit	Verkehr	Verkehrs- regelung	Fahrer
Stadt	30 km/h	kein, wenig, mittlerer, viel	GPI 1, 3, 6, 9	1, 2, 3
	50 km/h	kein, wenig, mittlerer, viel	GPI 1, 3, 6, 9	1, 2, 3
Überland	70 km/h	kein, wenig, mittlerer, viel, Stau	GPI 1, 3, 6, 9	1, 2, 3
	100 km/h	kein, wenig, mittlerer, viel, Stau	GPI 1, 3, 6, 9	1, 2, 3
Autobahn	130 km/h	kein, wenig, mittlerer, viel	Baustelle 0, 1, 2, 3	1, 2, 3

100 km/h ausgewählt. Hierbei wird der Verkehr in fünf Stufen variiert, da im Vergleich zu den Stadtfahrten auch viel Verkehr in den ausgewählten Straßennetzen noch gut abfließt. Erst eine weitere Erhöhung sowie einzelne längere Rotphasen an Kreuzungen führen auch im Fall der Überlandfahrten zu den gewünschten, abschnittsweise vorhandenen Staufahrten. Autobahnfahrten werden mit einem Straßennetz mit 130 km/h als zulässiger Höchstgeschwindigkeit analysiert. Die Verkehrsregelung der Autobahnfahrt wird über das mehrfache Einfügen von Baustellenabschnitten mit geringeren zulässigen

Höchstgeschwindigkeiten angepasst. In diesem Fall führen die Verringerung der Anzahl an Fahrspuren in den Baustelleneinfahrten sowie das Liegenbleiben einzelner Fahrzeuge zu dem gewünschten, abschnittsweise vorhandenen hohen Verkehrsaufkommen.

Die genannte Auswahl stellt einen Kompromiss zwischen Simulationsaufwand und Genauigkeit der Abbildung von realitätsnahen Einflüssen dar. An dieser Stelle ist zu beachten, dass feinere Unterschiede im Geschwindigkeitsniveau schon über die unterschiedlichen Fahrweisen berücksichtigt werden.

4.2 Reproduzierbarkeit der Generierung

Mit den zuvor erläuterten Konfigurationen und entsprechenden Parameter-sätzen kann die Verkehrssimulation wiederholt ausgeführt werden. Aus den nachfolgend ausgeführten Gründen ist es statistisch unwahrscheinlich, dass dies zu einem identischen Geschwindigkeitsverlauf der betrachteten Fahrer-Fahrzeug-Einheit führt. Diese gewünschte Eigenschaft der Verkehrssimulation liegt zum einen an den zufälligen Entscheidungen des Fahrermodells PBDM, siehe Kapitel 3.2.2. Zum anderen werden die Parameter des IDM der weiteren Verkehrsteilnehmer zur Einstellung der Zielgeschwindigkeit sowie der maximalen Beschleunigung und Verzögerung in beschränkten Bereichen zufällig definiert. Weiterhin werden den übrigen Fahrer-Fahrzeug-Einheiten die Routen statistisch zugewiesen. Diese Zufallsentscheidungen führen dazu, dass die generierten Geschwindigkeitsverläufe eine gewisse Vielfalt erhalten und damit einer ganzheitlichen Betrachtung möglicher Fahrsituationen weiter zuträglich sind. Zwar werden die Simulationseinstellungen mit der größtmöglichen Objektivität hinsichtlich der Realitätsnähe erstellt, allerdings können sich ergebende extreme Fahrsituationen wie beispielsweise sehr lange Stillstandsphasen nicht ausgeschlossen werden. Aus diesen Gründen werden die jeweiligen Konfigurationen und Parametersätze jeweils dreimal simuliert und die sich ergebenden Geschwindigkeitsprofile nachfolgend betrachtet.

4.3 Steigungen

In den nachfolgenden Längsdynamiksimulationen sind zur Komplettierung der Fahrsituationen zu den Geschwindigkeitsverläufen ebenfalls die Umgebungsbedingungen vorzugeben. Daher werden die Geschwindigkeitsverläufe unter anderem mit Steigungen zu ganzheitlichen Fahrsituationen vervollständigt. Um eine differenzierte Betrachtung zu ermöglichen, entsprechen die Steigungen nicht den in der Realität vorliegenden. Der Betrag der Steigung wird über den Geschwindigkeitsverlauf konstant gesetzt. Es werden zwei verschiedene Fälle betrachtet, wie in der folgenden Abbildung 4.3 veranschaulicht ist.

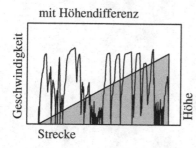 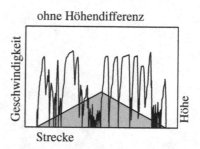

Abbildung 4.3: Betrachtete Variation der Steigung

Im ersten, links dargestellten Fall führt die konstante Steigung zu einer Höhendifferenz zwischen Fahrtbeginn und -ziel. Im zweiten Fall mit einem Umkehrpunkt der Steigung nach der halben Fahrstrecke ergibt sich keine Höhendifferenz. Die Steigungen werden in Schrittweiten von 2 % variiert. Auf diese Weise ist es möglich, den Einfluss der Steigung differenziert zu betrachten.

5 Untersuchungen zum rein elektrischen Betrieb

Das Ziel der folgenden Untersuchungen sind die zur Prädiktion des elektrischen Energiebedarfs für lokal emissionsfreies Fahren notwendigen Informationen. Dafür werden die Einflüsse der Fahrweise, der Verkehrsregelung, des Verkehrsaufkommens sowie weiterer Umgebungsbedingungen auf den elektrischen Energiebedarf analysiert und Zusammenhänge herausgearbeitet. Der Fokus der Untersuchungen liegt im ersten Teil dieses Kapitels auf innerstädtischen Fahrsituationen, da es gerade in diesen eng bewohnten Gebieten das Ziel, mit lokal emissionsfreiem Fahren die Emissionen zu reduzieren. Im Anschluss werden zusätzlich außerstädtische Fahrsituationen betrachtet. Ein Großteil der nachfolgenden Ergebnisse ist in [74] veröffentlicht.

5.1 Methodik und Randbedingungen

Für die Untersuchungen werden die im vorherigen Kapitel 4 vorgestellten Fahrsituationen verwendet. Diese decken mögliche Realfahrten weitestgehend ab und sind über die zur Generierung verwendeten Parametersätze in ihren Eigenschaften hinsichtlich der Fahrweise, der Verkehrsregelung, des Verkehrsaufkommens und der Umgebungsbedingungen beschreibbar. Mit dem vorwärtsgerichteten Längsdynamiksimulationsmodell (siehe Kapitel 3.4) wird für diese Fahrsituationen der elektrische Energiebedarf an der HV-Batterie bei rein elektrischer Fahrt berechnet. Bei der elektrischen Fahrt ist die Trennkupplung zwischen der EM und dem VM durchgehend geöffnet und die Anforderungen werden rein über die EM gestellt. Die EM des in Kapitel 3.3 vorgestellten Versuchsträgers wird für die Untersuchungen aus den folgenden Gründen auf die doppelte elektrische Leistung skaliert: Zum einen sollen die Unterschiede in den Energiebedarfen ohne eine zu starke Einschränkung durch die motorische oder generatorische Leistung herausgestellt werden. Zum anderen werden PHEV zunehmend auf höhere elektrische Leistungen ausgelegt, für die die Ergebnisse dieser Untersuchungen ebenfalls gelten sollen. Mit diesen Berechnungen können die Auswirkungen der jeweiligen Ausprägungen der zuvor genannten Eigenschaften der Fahrsituationen auf den Energiebedarf beziffert werden. Aus den Ergebnisse wird abgeleitet, inwieweit die Kenntnis der jeweiligen Eigenschaften der Fahrsituationen zur Vorhersage des Energiebedarfs relevant ist.

5.2 Innerstädtischer Betrieb

Im Folgenden werden die mit der Verkehrssimulation generierten Fahrsituationen mit zulässigen Höchstgeschwindigkeiten von 30 km/h sowie 50 km/h zunächst in der Ebene untersucht. Zur detaillierten Analyse werden diese zusätzlich in die drei zu Grunde liegenden Fahrweisen aufgeteilt. Die Unterschiede der drei Fahrweisen sind in Kapitel 4.1 beschrieben und darüber hinaus im Anhang A.1 über Beschleunigung-Geschwindigkeit-Verteilungen veranschaulicht. Die für diese Fahrsituationen mit dem Längsdynamiksimulationsmodell berechneten Energiebedarfe sind entsprechend aufgeteilt in der folgenden Abbildung 5.1 dargestellt. Im linken Diagramm ist als weitere y-Achse die sich aus den Energiebedarf für den Versuchsträger mit einer nutzbaren Batteriekapazität von 9 kWh ergebende elektrische Reichweite aufgetragen. Die einzelnen Boxplots zu den jeweiligen zulässigen Höchstgeschwindigkeiten und Fahrweisen veranschaulichen die Minima und Maxima sowie den Bereich, der 75 % der Fahrten beinhaltet. Weiterhin ist der Mittelwert eines jeden Boxplots gekennzeichnet. Wie zu sehen ist, führen die Fahrweise, die Verkehrsregelung und das Verkehrsaufkommen dazu, dass die elektrische Reichweite des Versuchsträgers im schlechtesten Fall nur 21,1 km (gekennzeichnet mit A) und im besten Fall 56,6 km (gekennzeichnet mit B) beträgt. Die Geschwindigkeitsprofile der beiden zugehörigen Fahrsituationen sind in den rechten Diagrammen der Abbildung 5.1 dargestellt. Im Fall B eines niedrigen Energiebedarfs fährt die Fahrer-Fahrzeug-Einheit nahezu ohne eine Beeinflussung. Hingegen ist die Beeinflussung im Fall A besonders hoch und bedingt häufiges Beschleunigen und Abbremsen, wodurch der Energiebedarf deutlich ansteigt. Der Zusammenhang zwischen inkonstantem Fahren einhergehend mit einem hohem Energiebedarf wird in anderweitigen Untersuchungen teilweise auf Basis von Realfahrtmessungen von [10, 24,

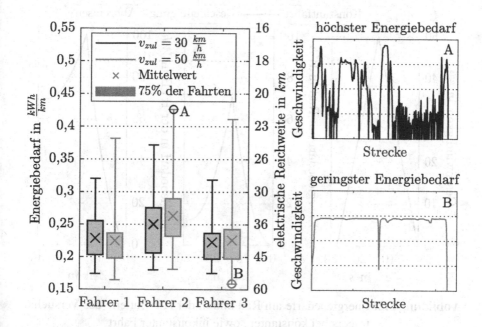

Abbildung 5.1: Elektrische Energiebedarfe des Versuchsträgers für innerstädtische Fahrsituationen in der Ebene (alle drei Fahrer)

27, 70, 90] bestätigt. Zum tiefgründigen Verständnis dieses Zusammenhangs
werden zwei einfache Geschwindigkeitsverläufe betrachtet. Der erste zeigt
eine Konstantfahrt ohne Beschleunigung oder Bremsung bei 25 km/h und ist
im linken Diagramm der folgenden Abbildung 5.2 dargestellt. Im zweiten,
ebenfalls dort veranschaulichten Fall beschleunigt der Fahrer mit 1 m/s^2 von
0 km/h auf 50 km/h und verzögert bei Erreichen der Zielgeschwindigkeit mit
dem gleichen Betrag bis zum Stillstand. In beiden Fällen wird die gleiche
Strecke von knapp unter 200 m zurückgelegt. Die für das Fahren benötigten
Energiebedarfe am Rad sind im mittleren Diagramm der Abbildung 5.2
dargestellt. Wie zu sehen ist, weist die inkonstante Fahrt einen deutlich
höheren Energiedurchsatz auf als die Konstantfahrt. Dies ist zum Großteil
auf die zur Überwindung der Massenträgheiten eingesetzten Kraft beim
Beschleunigen zurückzuführen. Durch die anschließende Verzögerung ergibt

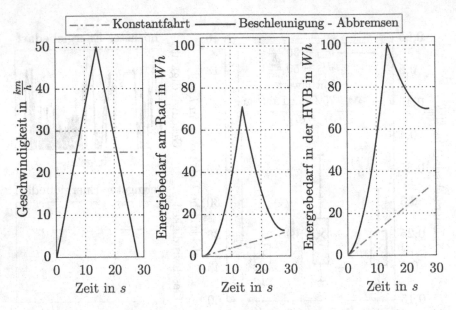

Abbildung 5.2: Energiebedarfe am Rad und in der HV-Batterie des Versuchsträgers bei konstanter sowie inkonstanter Fahrt

sich zum Ende der Fahrt jedoch nur ein geringfügiger Unterschied im
Energiebedarf am Rad. Der leicht höhere Energiebedarf der inkonstanten Fahrt
am Rad liegt vor allem an den höheren gefahrenen Geschwindigkeiten. Wie
im Diagramm rechts daneben zu sehen ist, sind die Unterschiede im Energiebedarf der HV-Batterie deutlich höher. Insbesondere bei einer Betrachtung
ohne Rekuperation, wozu der Energiebedarf der inkonstanten Fahrt nach der
halbem Strecke dem der Konstantfahrt zum Ende der Fahrt gegenüberzustellen
ist, ergibt sich ein deutlicher Unterschied. Dieser ist in dem hohen Energiedurchsatz zum Beschleunigen des Fahrzeugs begründet, welcher mit den
Antriebsstrangverlusten behaftet ist. Zwar wirken sich aufgrund der höheren
Leistungen beim Beschleunigen die lastunabhängigen Verluste beispielsweise
des Getriebes prozentual weniger stark auf den Wirkungsgrad auf als bei der
niedriglastigen Konstantfahrt, allerdings sind die Verluste absolut aufgrund des
hohen Energiedurchsatzes höher. Auch wenn die Rekuperationseigenschaft
von elektrifizierten Antrieben zu einer Verringerung dieses Unterschieds führt,

ergibt sich im gezeigten Beispiel für die inkonstante Fahrt immer noch ein mehr als doppelt so hoher Energiebedarf als bei der der Konstantfahrt. In der Rekuperation verringern die Antriebsstrangwirkungsgrade das am Rad mögliche Potenzial. Dies erklärt, warum das durch die Verkehrsregelung und das Verkehrsaufkommen bedingte inkonstante Fahren zu vergleichsweise deutlich höheren Energiebedarfen führt.

Wie darüber hinaus in der Abbildung 5.1 zu sehen ist, führt die Fahrweise zu geringeren Unterschieden. Der zweite Fahrer mit hohen Beschleunigungen und Verzögerungen benötigt im Schnitt leicht mehr Energie als die beiden anderen Fahrer, bei denen die Energiebedarfe annähernd auf dem gleichen Niveau liegen. Für eine detaillierte Analyse der Einflüsse sind in der folgenden Abbildung 5.3 die Energiebedarfe für die zulässige Höchstgeschwindigkeit von 50 km/h über den jeweiligen Parameter der Verkehrssimulation dargestellt. Zur Übersichtlichkeit und zur getrennten Betrachtung sind die zuvor gezeigten Fahrsituationen auf die mit einer zulässigen Höchstgeschwindigkeit von 50 km/h reduziert. Ein dargestellter Datenpunkt besteht aus dem mittleren Energiebedarf für das Fahren von drei verschiedenen Geschwindigkeitsprofilen, die mit dem gleichen Parametersatz hinsichtlich der Fahrweise, der Verkehrsregelung und des Verkehrsaufkommens generiert wurden. Das Verkehrsaufkommen steigt in den einzelnen Diagrammen von links mit keinem Verkehr bis nach rechts mit starkem Verkehr an. In jedem einzelnen Diagramm nimmt zudem die Verkehrsregelung von links keiner Beeinflussung ($GPI = 9$) nach rechts mit hoher Beeinflussung ($GPI = 1$) zu. Wie zu erkennen ist führt eine zunehmende Beeinflussung durch beide Parameter zu höheren Energiebedarfen. Auffällig ist der deutlich höhere Energiebedarf des zweiten Fahrers im Vergleich zu den anderen Fahrern in Fahrsituationen ohne Verkehr mit Beeinflussung durch die Verkehrsregelung ($GPI < 9$). Dies ist darin begründet, dass der Fahrer 2 in seiner Fahrweise nicht durch ein vorausfahrendes Fahrzeug eingeschränkt ist und damit spät mit hohen Verzögerungen auf Lichtsignalanlagen verzögern kann, wodurch ein Großteil der kinetischen Energie des Fahrzeugs über die Reibbremse abgesetzt wird. Weiterhin kann der Fahrer 2 ohne ein vorausfahrendes Fahrzeug stark beschleunigen sowie hohe Zielgeschwindigkeiten fahren. Eine effizientere Fahrweise wird einem solchen Fahrer durch langsamere vorausfahrende Fahrzeuge aufgezwungen, wie im Diagramm rechts daneben mit geringem Verkehr aufgezeigt wird.

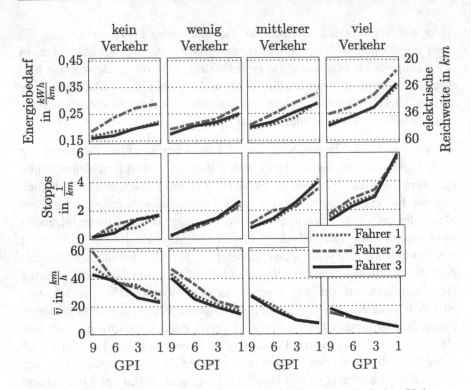

Abbildung 5.3: Zusammenhang zwischen dem Energiebedarf, den Haltevor-
gängen und der gefahrenen Durchschnittsgeschwindigkeit

Nichtsdestotrotz führt die Fahrweise auch mit Verkehr zu vergleichsweise
geringfügig höheren Energiebedarfen. Insgesamt sind Auswirkungen der
Einflüsse durch die Verkehrsregelung sowie das Verkehrsaufkommen auf den
Energiebedarf ähnlich zu den anderen Fahrweisen.

Die zweite Zeile an Diagrammen in der Abbildung 5.3 bestätigt die Proportio-
nalität zwischen der Konstanz der Fahrt und dem benötigten Energiebedarf.
Die dargestellte Anzahl an Stopps pro Kilometer gibt zudem Aufschluss
über den Geschwindigkeitsverlauf der einzelnen Fahrsituationen. Damit stellt
diese Information eine Möglichkeit zur Vorhersage der Energiebedarfe dar.
Eine weitere Möglichkeit wird in der dritten Zeile der Abbildung 5.3
aufgezeigt. Es besteht eine Antiproportionalität zwischen dem benötigten

Energiebedarf und der durchschnittlich gefahrenen Geschwindigkeit. Bei einer hohen Durchschnittsgeschwindigkeit wird die Fahrer-Fahrzeug-Einheit kaum beeinflusst und der Energiebedarf ist dementsprechend niedrig. Mit zunehmender Beeinflussung nimmt die Durchschnittsgeschwindigkeit ab und folglich der Energiebedarf zu. Die beiden genannten Korrelationen zur möglichen Vorhersage des Energiebedarfs liegen hinsichtlich der Genauigkeit auf einem vergleichbaren Niveau. Die weitere Bewertung erfolgt daher auf Basis der Verfügbarkeit der benötigten prädiktiven Informationen. In der Realität ist es nur schwer möglich die Vorfahrtregelungen einhergehend mit den Schaltungen von Lichtsignalanlagen zu prädizieren. Zwar besteht die Möglichkeit über statistische Ansätze basierend auf historischen Daten eine Aussage über die wahrscheinlichen Haltevorgänge zu treffen, jedoch bedarf dies für eine genauere Vorhersage einer komplexen Datensammlung und -aufbereitung. Damit eignet sich diese Information im Normalfall nicht für eine Vorhersage des Energiebedarfs. Im Vergleich dazu ist an dem weiteren Zusammenhang des Energiebedarfs mit der durchschnittlich gefahrenen Geschwindigkeit vorteilhaft, dass viele Navigationssysteme schon Echtzeitinformationen über die aktuell gefahrenen Durchschnittsgeschwindigkeiten auf den Straßen liefern. Diese Information kann somit zur Vorhersage der voraussichtlichen Energiebedarfe zum Durchfahren bestimmter Straßen vergleichsweise einfach genutzt werden.

Zur weiteren Analyse einer auf dieser Information basierenden Vorhersage sowie zur Abschätzung der möglichen Fehler werden Ausgleichsfunktionen verschiedener Ordnung herangezogen. Dazu zeigt das links dargestellte Diagramm der Abbildung 5.4 die berechneten Energiebedarfe der einzelnen Fahrsituationen für eine zulässige Höchstgeschwindigkeit von 50 km/h in der Ebene über der gefahrenen durchschnittlichen Geschwindigkeit. Für diese Datenpunkte ist zusätzlich die Ausgleichsfunktion 4. Ordnung zu sehen. Auffällige Abweichungen von der Ausgleichsfunktion zeigen hier die Fahrsituationen von dem zweiten Fahrer ohne Verkehr. Diese Fahrsituationen sind ursächlich für den recht hohen absoluten Fehler (englisch: Absolute error (AE)), der rechts daneben dargestellt ist. Trotzdem wird mit einer Ausgleichsfunktion 4. Ordnung eine geringe Wurzel der mittleren Fehlerquadratsumme (RMSE) erreicht. Diese ist um eine Zehnerpotenz kleiner als der Energiebedarf und zeigt, dass viele Datenpunkte mit einer hohen Genauigkeit

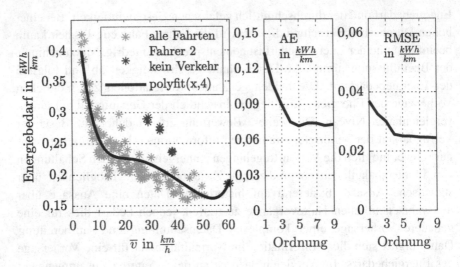

Abbildung 5.4: Ausgleichsfunktion zu dem Zusammenhang zwischen der Durchschnittsgeschwindigkeit und dem Energiebedarf

über die Ausgleichsfunktion beschrieben werden können. Insgesamt wird damit die Eignung der Information über die aktuell gefahrene Durchschnittsgeschwindigkeit zur Vorhersage von Energiebedarfen für Fahrsituationen mit einer zulässigen Höchstgeschwindigkeit von 50 km/h bestätigt. Weitergehende Untersuchungen haben gezeigt, dass dies für alle innerstädtischen Fahrsituationen gilt. Für eine Betrachtung des Zusammenhangs zwischen Energiebedarf und durchschnittlich gefahrener Geschwindigkeit bei einer zulässigen Höchstgeschwindigkeit von 30 km/h sei auf Abbildung 5.9 verwiesen.

5.2.1 Einfluss der Nebenverbraucher

Neben dem zuvor gezeigten Zusammenhang ist die Verwendung der Durchschnittsgeschwindigkeit aus einem weiteren Grund zur Prädiktion des Energiebedarfs entscheidend. Mit der Kenntnis der Streckenlänge kann zusätzlich die Fahrzeit berechnet werden. Die Fahrzeit ist wiederum wichtig für die Berechnung des Energiebedarfs der Nebenverbraucher. Für die Berechnung kann die Nebenverbraucherlast vereinfachend über einen dynamischen Teil für eine initiale Kühl- beziehungsweise Aufheizphase sowie einen statischen Teil zum Halten der gewünschten Fahrzeuginnenraumtemperatur beschrieben werden. Die Bedeutung dieser weiteren Informationen und Berechnungen wird bei der Betrachtung der folgenden Abbildung 5.5 deutlich. Dort veranschaulicht die

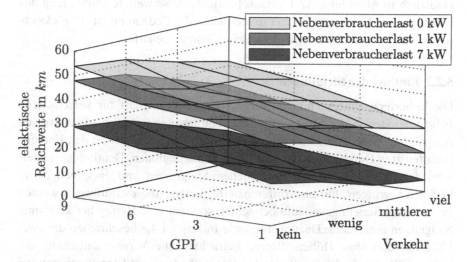

Abbildung 5.5: Einfluss statischen Nebenverbraucherlasten auf die elektrische Reichweite (v_{zul} = 50 km/h, alle drei Fahrer)

hellgraue Fläche die elektrischen Reichweiten der Fahrsituationen des Fahrers 1 bei einer zulässigen Höchstgeschwindigkeit von 50 km/h in der Ebene. Die beiden darunter liegenden Flächen zeigen die elektrischen Reichweiten bei zusätzlichen statischen Nebenverbraucherlasten. Die mittelgraue Fläche zeigt eine zusätzliche Last von 1 kW, welche in realen Fahrbedingungen häufig dauerhaft benötigt wird. Demgegenüber veranschaulicht die dunkelgraue Fläche eine Last von 7 kW, die eher über kurze Zeiten zum initialen Kühlen oder Aufheizen gebraucht wird. Die hohe Last wirkt sich besonders auf die elektrischen Reichweiten in Fahrsituationen aus, die geringfügig durch das Verkehrsaufkommen sowie die Verkehrsregelung beeinflusst sind. Im Fall ohne einer Beeinflussung wird die elektrische Reichweite durch die zusätzliche Last um annähernd die Hälfte reduziert.

Wie darüber hinaus in der Abbildung 5.5 zu erkennen ist, sind in stark beeinflussten Fahrsituationen mit hohen Nebenverbraucherlasten nur noch geringe elektrische Reichweiten möglich. Die deutliche Erhöhung des in diesen Fahrsituationen ohnehin schon hohen elektrischen Energiebedarfs ist zusätzlich in Abbildung A2.1 veranschaulicht. Diese weitere Darstellung des Einflusses der Nebenverbraucher unterstreicht die Bedeutung zur Berücksichtigung bei der Vorhersage von elektrischen Energiebedarfen.

5.2.2 Einfluss der Steigungen

Die bisherigen Untersuchungen zeigen den Energiebedarf für verschiedene Fahrsituationen in der Ebene. Die dabei betrachteten unterschiedlich starken Ausprägungen der Parameter führen zu großen Unterschieden in den Energiebedarfen zum Durchfahren der jeweiligen Fahrsituationen. Deutlich gesteigert wird der Energiebedarf bei zusätzlichen Steigungen und entsprechend in Gefällen verringert. Für eine differenzierte Analyse dieses Einflusses werden keine realen Steigungsverläufe betrachtet, sondern vom Betrag her konstante Steigungen untersucht. Dazu werden wie in Kapitel 4.3 beschrieben die zwei Fälle mit und ohne Höhendifferenz betrachtet. Die Veranschaulichung der beiden Fälle sowie die resultierenden Energiebedarfe für Fahrsituationen bei einer zulässigen Höchstgeschwindigkeit von 50 km/h sind für verschiedene Steigungswerte in Abbildung 5.6 zu sehen. Im rechten Diagramm zeigt ein Boxplot alle zuvor betrachteten Fahrsituationen hinsichtlich der drei Fahrweisen, der Verkehrsregelung sowie des Verkehrsaufkommens bei einer zulässigen Höchstgeschwindigkeit von 50 km/h. Der Einfluss der Nebenverbraucherlast wird hier nicht weiter betrachtet. Wie zu sehen ist, führen die Steigungen sowie die Gefälle zu deutlichen Verschiebungen der Energiebedarfe. Bergab verringert sich der Energiebedarf merklich, wobei in Fahrsituationen mit viel Verkehr einerseits Energie zum häufigen Anfahren aufgewendet werden muss und andererseits nur eingeschränkt rekuperiert werden kann. Erst in starken Gefällen sind in solchen Fahrsituationen hohe elektrische Reichweiten möglich.

Schon konstante Bergauffahrten mit 2 % Steigung führen zu einer Halbierung der elektrischen Reichweite. In dem rechten Diagramm der Abbildung 5.6 ist annähernd eine lineare Zunahme des Energiebedarfs über die Steigung zu

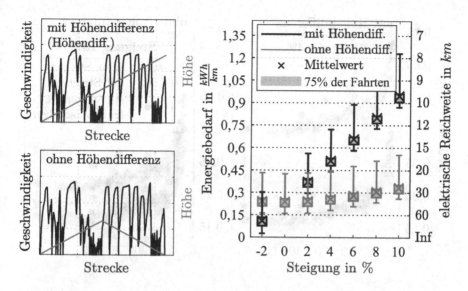

Abbildung 5.6: Einfluss der Steigungen auf den elektrischen Energiebedarf (v_{zul} = 50 km/h, alle drei Fahrer)

erkennen, wobei die Geradensteigung des linearen Zusammenhangs in den Fällen ohne weitere Beeinflussung leicht niedriger ist als die in den Fällen mit starker Beeinflussung. Bei konstanten Steigungen von 10 % sind nur noch sehr geringe elektrische Reichweiten möglich. Hingegen zeigt sich in den Fahrsituationen ohne eine Höhendifferenz erst ab ungefähr 3 % ein sichtbarer Einfluss auf den Energiebedarf, der jedoch auch bei hohen Steigungen von 10 % vergleichsweise deutlich geringer ist als im Fall mit einer Höhendifferenz. Auch hier ist näherungsweise ein linearer Zusammenhang zwischen der Steigung und dem Energiebedarf ersichtlich.

Für eine, aus den linearen Zusammenhängen folgende, getrennte Modellierung des Einflusses der Steigung auf Energiebedarf, sind zur weiteren Überprüfung in der folgenden Abbildung 5.7 für einen Steigungswert konstante Verschiebungen über den weiteren Einflüssen dargestellt. Im linken Diagramm ist der Fall mit Höhendifferenz zu sehen. Die im Hintergrund dargestellten hellgrauen Punkte zeigen die Fahrsituationen der drei Fahrweisen bei einer zulässigen Höchstgeschwindigkeit von 50 km/h, aufgetragen über die durchschnittlich

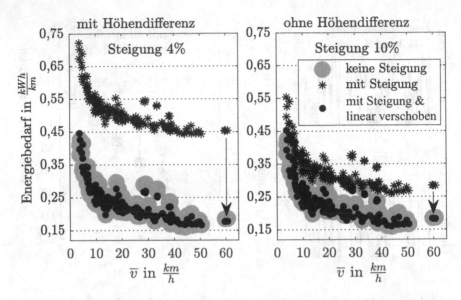

Abbildung 5.7: Lineare Verschiebung des Einflusses der Steigungen auf den elektrischen Energiebedarf (v_{zul} = 50 km/h, alle drei Fahrer)

gefahrene Geschwindigkeit ohne Steigung. Die schwarzen, sternförmigen Punkte oberhalb stellen die Energiebedarfe der Fahrsituationen bei einer konstanten Steigung von 4 % dar. Diese werden mit dem gleichen Betrag auf die Fahrsituationen bei 0 % Steigung verschoben und sind dann als schwarze Punkte dargestellt. Wie zu sehen ist, ist grundsätzlich eine gute Übereinstimmung zu erkennen. Nur die stark beeinflusste Fahrsituationen benötigen in der Steigung leicht mehr Energie als die weniger stark beeinflussten. Dies liegt an der verringerten Möglichkeit zur Rekuperation sowie den höheren Energiebedarfen beim häufigen Anfahren. Auch die Fahrsituationen von Fahrer 2 ohne Verkehr weichen leicht ab und weisen in der Steigung einen geringeren Energiebedarf auf. Die in diesem Fall höhen benötigten Leistungen beim Beschleunigen übersteigen die Grenze der skalierten EM und können damit nur beschränkt abgerufen werden, was in geringeren Energiebedarfen resultiert. Der rechts dargestellte Fall ohne Höhendifferenz zeigt die Verschiebung im Fall von 10 % Steigung. Diese vergleichsweise hohe Steigung ist ausgewählt, um die Verschiebung grafisch erkennen zu können.

Auch hier lässt sich allgemein die Gültigkeit der linearen Verschiebung um den gleichen Betrag erkennen. Es sind nur geringfügig höhere Energiebedarfe in den stark beeinflussten Fahrten in der Steigung zu sehen.

Zusammenfassend lässt sich damit feststellen, dass der Einfluss der Steigungen mit einer guten Näherung getrennt von den weiteren Einflüssen auf den Energiebedarf über lineare Zusammenhänge vorhergesagt werden kann.

5.3 Inner- und außerstädtischer Betrieb

Die bisherigen Analysen umfassen ausschließlich innerstädtische Fahrsituationen. Durch die Steigerung der elektrischen Leistungen und Reichweiten von PHEV werden zunehmend auch außerstädtische Fahrsituationen rein elektrisch gefahren. Um auch für diese die elektrischen Reichweite vorhersagen zu können, werden die dort anfallenden Energiebedarfe in diesem Abschnitt untersucht. Dazu sind in der folgenden Abbildung 5.8 die Energiebedarfe für die drei Fahrweisen in der Ebene sowie die daraus für den Versuchsträger resultierenden elektrischen Reichweiten über den jeweils zulässigen Höchstgeschwindigkeiten aufgetragen. Jeder einzelne Boxplot umfasst alle drei betrachteten Fahrweisen sowie die unterschiedlich starken Ausprägungen des Verkehrsaufkommens und der Verkehrsregelung. Darüber hinaus sind die Energiebedarfe für konstant gefahrene Geschwindigkeiten ohne eine Beschleunigung auf diese sowie ohne ein anschließende Verzögerung mit der schwarz gestrichelten Linie dargestellt. Der minimale Energiebedarf zeigt sich bei der zulässigen Höchstgeschwindigkeit von 50 km/h. Zu niedrigen Geschwindigkeiten hin steigt der Anteil der lastunabhängigen Verluste des Getriebes an. Mit höheren Geschwindigkeiten steigen die Fahrwiderstände insbesondere durch den Luftwiderstand an. Damit treten entsprechend geringe Energiebedarfe in der Realität nur im seltenen Fall einer recht konstanten Fahrt bei 50 km/h auf. Es ist anzunehmen, dass dies fast ausschließlich nur bei einer zulässigen Höchstgeschwindigkeit um 50 km/h der Fall ist, da es unwahrscheinlich ist, dass ein Fahrer beispielsweise auf der Autobahn vergleichbar fährt. Wie weiterhin in der Abbildung 5.8 zu erkennen ist, unterschreiten ein Teil der generierten Fahrsituationen die Energiebedarfe der Konstantfahrt erst mit höheren zulässigen Höchstgeschwindigkeiten. Der

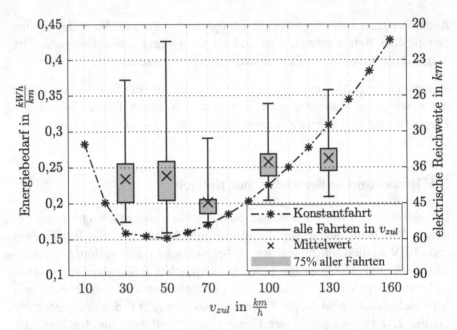

Abbildung 5.8: Elektrischer Energiebedarf für mögliche Fahrsituationen über
die zulässige Höchstgeschwindigkeit (alle drei Fahrer)

Grund dafür besteht in anteilig niedriger gefahrenen Geschwindigkeiten, die
zum einen durch langsamer vorausfahrenden Fahrzeugen wie beispielsweise
Lastkraftwagen hervorgerufen werden. Zum anderen führen die dort eingefüg-
ten Baustellenabschnitte zu niedrigeren gefahrenen Geschwindigkeiten.

Die Betrachtung der jeweiligen höchsten Energiebedarfe offenbart merkliche
Unterschiede zwischen den zulässigen Höchstgeschwindigkeiten. Wie in
Kapitel 4.1 beschrieben, wird für jede zulässige Höchstgeschwindigkeit ein
anderes Straßennetz betrachtet. Aus diesem Grund sowie der jeweils an das
Straßennetz angepassten Parametrierungen kommt es zu den ersichtlichen
Unterschieden. Grundsätzlich können die gezeigten Fahrsituationen mit sehr
hohen Energiebedarfen bei zulässigen Höchstgeschwindigkeiten von 50 km/h
auch bei anderen zulässigen Höchstgeschwindigkeiten auftreten. Für eine
genauere Betrachtung sind die jeweiligen Energiebedarfe in der folgenden
Abbildung 5.9 für jede zulässige Höchstgeschwindigkeit über die gefahrene

Durchschnittsgeschwindigkeit dargestellt. Wie zu erkennen ist, sind stark beeinflusste Fahrten mit niedrigen Durchschnittsgeschwindigkeiten einhergehend mit hohen Energiebedarfen nur in den innerstädtischen Fahrsituationen vorhanden. Eine Tendenz zum Anstieg der Energiebedarfe bei Durchschnittsgeschwindigkeiten von ungefähr 20 km/h ist ebenfalls in den außerstädtischen Fahrsituationen zu erkennen. Deutlich niedrigere Durchschnittsgeschwindigkeiten kommen bei den hier gewählten Straßennetzen und Parametrierungen der außerstädtischen Fahrsituationen jedoch nicht vor, können aber unter anderen Bedingungen auftreten. Die in diesen Situationen vorhandenen hohen Energiebedarfe können ebenfalls über die durchschnittlich gefahrenen Geschwindigkeiten vorhergesagt werden.

Das untere Diagramm der Abbildung 5.9 zeigt, dass die hohe durchschnittlich gefahrene Geschwindigkeiten auf der Autobahn durch den zunehmend stärkeren Einfluss des Luftwiderstands hohe Energiebedarfe zur Folge haben. Damit können auch für diese Fahrsituationen die Energiebedarfe anhand der durchschnittlich gefahrenen Geschwindigkeiten vorhergesagt werden.

Den unteren drei Diagrammen der Abbildung 5.9 ist jedoch zu entnehmen, dass sich in außerstädtischen Fahrsituationen der Bereich zwischen 60 km/h und 100 km/h nicht ausreichend genau anhand der durchschnittlich gefahrenen Geschwindigkeit beschreiben lässt. Hier heben sich insbesondere Fahrsituationen mit häufigen Beschleunigungen und Verzögerungen mit hohen Energiebedarfen von den übrigen Fahrsituationen ab. Für genauere Vorhersagen von den elektrischen Energiebedarfen bei Überlandfahrten müssen damit detailliertere Informationen über das Verkehrsaufkommen sowie die Verkehrsregelung in diesem Geschwindigkeitsbereich vorhanden sein.

Darüber hinaus ist in diesem Geschwindigkeitsbereich die Aktualität der Informationen über die zulässigen Höchstgeschwindigkeiten wichtig. Beispielsweise in Baustellen ist die zulässige Höchstgeschwindigkeit auf der Autobahn häufig auf 60 km/h reduziert, was einen merklich geringeren Energiebedarf zur Folge hat, als vergleichsweise häufiges Beschleunigen und Verzögern mit einer durchschnittlichen Geschwindigkeit von 60 km/h.

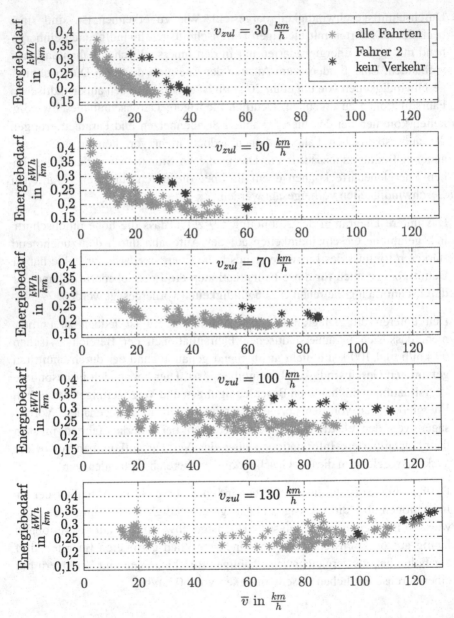

Abbildung 5.9: Energiebedarfe der Fahrsituationen über die durchschnittlich gefahrene Geschwindigkeit (alle drei Fahrer)

5.4 Ableitung der essentiellen prädiktiven Informationen

Zusammenfassend zeigen die durchgeführten Analysen die Einflüsse der Fahrweise, der Verkehrsregelung, des Verkehrsaufkommens sowie der Umgebungsbedingungen auf den elektrischen Energiebedarf zum Durchfahren möglicher Fahrsituationen. Anhand der resultierenden Energiebedarfe sind die Bedeutungen der jeweiligen Informationen zur Vorhersage abzuleiten. Aus den Analysen geht hervor, dass die Steigung den maßgeblichen Einfluss auf den elektrischen Energiebedarf hat. Die in den Analysen betrachteten und in der Realität häufig auftretenden Steigungen führen zu einer deutlichen Zunahme des elektrischen Energiebedarfs.

Weiterhin ist die Kenntnis der zulässigen Höchstgeschwindigkeiten sowie der durchschnittlich gefahrenen Geschwindigkeiten wichtig. Mit diesen beiden Informationen können die Auswirkungen der verschieden starken Ausprägungen der Verkehrsregelung sowie des Verkehrsaufkommens auf den elektrischen Energiebedarf für innerstädtische Fahrsituationen ausreichend genau vorhergesagt werden. Im Überlandbereich lässt sich der Energiebedarf nur für einen Teil der Fahrsituationen anhand der Durchschnittsgeschwindigkeit vorhersagen. Für den anderen Teil sind detaillierte Informationen über die Verkehrsregelung und das Verkehrsaufkommen notwendig.

Darüber hinaus ist die Kenntnis der Durchschnittsgeschwindigkeit einhergehend mit der Route für die Berechnung der Fahrtzeit notwendig. Mit dieser können bei Kenntnis der Dauer und der Höhe der initialen Nebenverbraucherlast sowie der sich daran anschließenden, näherungsweise konstanten Nebenverbraucherlast die dafür notwendige Energie berechnet werden. Insbesondere ist dies für die Vorhersage in Fahrsituationen mit niedrigen Durchschnittsgeschwindigkeiten und daraus resultierenden hohen Energiebedarfen entscheidend, da hier die Nebenverbraucherlast die elektrische Reichweite auf Grund der längeren Fahrtzeit merklich verringert.

Es hat sich gezeigt, dass die Kenntnis der Fahrweise bis auf die nachfolgenden zwei Ausnahmen eine untergeordnete Bedeutung hat. Zum einen führt eine Fahrweise mit starken Beschleunigungen und Verzögerungen ohne voraustahrende Fahrzeuge zu merklich höheren Energiebedarfen. Zum anderen ist das

Fahren ohne Geschwindigkeitsbegrenzung zu nennen, wo entsprechend hohe Geschwindigkeiten einen deutlichen Anstieg des Energiebedarfs zur Folge haben.

6 Untersuchungen zum Hybridbetrieb

Mit den folgenden Untersuchungen wird bewertet, welche Informationen über die vorausliegende Strecke essentiell sind, um kraftstoffeffizient einen gewünschten Ladezustand der HV-Batterie einzuregeln. Dazu werden mithilfe der generierten Fahrsituationen die Auswirkungen der Verkehrsregelung, des Verkehrsaufkommens sowie der Fahrweise auf die Kosten und Ersparnisse von kraftstoffoptimalen Lade- und Entladestrategien betrachtet. Auf Basis der Ergebnisse werden zum einen die Bedeutung entsprechender prädiktiver Informationen sowie zum anderen die kraftstoffeffiziente Ausgestaltung möglicher prädiktiver Betriebsstrategien abgeleitet. Ausgewählte Inhalte dieser Untersuchungen sind in [73] veröffentlicht.

6.1 Methodik und Randbedingungen

Die Analysen werden mit kraftstoffoptimalen Betriebsstrategien durchgeführt, um einerseits das mögliche Kraftstoffeinsparungspotenzial aufzuzeigen und andererseits über das so bestimmte globale Minimum eine Vergleichbarkeit zu erzielen. Dazu werden die kraftstoffoptimalen Betriebsstrategien für die generierten Fahrsituationen mit der Dynamischen Programmierung (siehe Kapitel 3.4) berechnet. Diese greift zur Berechnung der Kraftstoffkosten auf das rückwärtsgerichtete Längsdynamiksimulationsmodell des Versuchsträgers (siehe Kapitel 3.4) zu. Die schrittweise Berechnung der Übergangskosten und Zielzustände ausgehend von den möglichen Zuständen erfordert das statische rückwärtsgerichtete Längsdynamiksimulationsmodell. Dazu wird zu jedem Zeitschritt der Vektor mit allen Steuergrößen auf den Vektor mit allen Zustandsgrößen angewendet. Die darauf folgende Erstellung der Kostenmatrix sowie die Steuergrößenmatrix basiert auf dem frei zugänglichen Algorithmus „Dynamic Programming Matlab Function" von der ETH Zürich [88]. Die abgespeicherten Kosten bestehen aus den über den Steuergrößenvektor berechneten und anschließend auf die möglichen Zustände interpolierten Kosten sowie den minimalen Kosten, um vom dadurch erreichten Zustand

© Der/die Autor(en), exklusiv lizenziert durch
Springer Fachmedien Wiesbaden GmbH, ein Teil von Springer Nature 2021
T. Schürmann, *Untersuchungen zum kraftstoffeffizienten und lokal emissionsfreien Betrieb paralleler Plug-in- Hybridfahrzeuge und zur Auslegung darauf basierender, prädiktiver Betriebsstrategien*, Wissenschaftliche Reihe Fahrzeugtechnik Universität Stuttgart, https://doi.org/10.1007/978-3-658-34756-7_6

aus das Ziel zu erreichen. Nach der Berechnung aller Zustände des gesamten Fahrprofils wird in einem Vorwärtsdurchlauf der Steuergrößenmatrix der optimale Steuergrößenverlauf zusammengesetzt. Dabei wird ebenfalls das rückwärtsgerichtete Längsdynamiksimulationsmodell verwendet. Darüber hinausgehende Erläuterungen werden in [21, 32, 87] gegeben.

Bei der Berechnung der kraftstoffeffizienten Betriebsstrategien werden die zum Starten des VM anfallenden Kosten berücksichtigt. Dazu werden die in [23] experimentell untersuchten Startkosten verwendet. Die dort gezeigten Untersuchungen beruhen ebenfalls auf dem hier betrachteten Antriebsstrang.

Da wie beschrieben das Fahrprofil zeitlich in einzelne Zustände unterteilt wird und diese mit dem rückwärtsgerichtetem Simulationsmodell berechnet werden, ist zuvor sicherzustellen, dass die mit dem Fahrprofil angeforderten Leistungen von dem Fahrzeug erzielt werden können. Aus diesem Grund werden die generierten Fahrsituationen vorab mit der kombinierten maximalen Leistung des Fahrzeugs vorwärtsgerichtet simuliert und anschließend der Ist-Geschwindigkeitsverlauf als Grundlage für die Berechnung der kraftstoffoptimalen Betriebsstrategie verwendet.

Zusätzlich zum Fahrzeug und der Fahrsituation werden die Randwerte des SOC der HV-Batterie vorgegeben. Um mit dieser Vorgabe eine Vergleichbarkeit zu erhalten, wird der SOC zum Fahrtende SOC_{Ziel} über einen auf die Strecke s bezogenen Gradienten $SOC_{Gradient}$ ausgehend vom SOC zu Beginn der Fahrt SOC_{Start} bestimmt:

$$SOC(s) = SOC_{Gradient} \cdot (s - s_{Start}) + SOC_{Start} \qquad \text{Gl. 6.1}$$

Der Gradient wird dabei in Schrittweiten von 0,003 $E_{Batt,max}$/km im folgenden Intervall verändert:

$$SOC_{Gradient} \in [-0,009; \ -0,006; \ ...; \ 0,009] \ \frac{E_{Batt,max}}{km} \qquad \text{Gl. 6.2}$$

Auf diese Weise werden das Entladen (abgekürzt mit CD), das Halten den Ladezustands (abgekürzt mit CS) sowie das Laden (abgekürzt mit CH) im Hybridbetrieb betrachtet. Im Folgenden werden die Gradienten mit den genannten Abkürzungen sowie dem Zahlenwert angegeben. So wird beispielsweise eine Ladestrategie mit einem Gradienten von 0,003 $E_{Batt,max}$/km mit

CH03 abgekürzt. Der Zusammenhang zur Bestimmung der SOC-Randwerte ist in Abbildung 6.1 veranschaulicht.

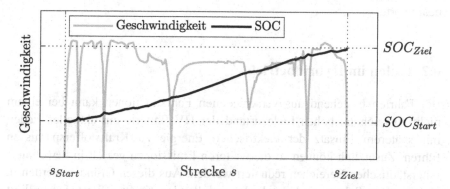

Abbildung 6.1: Vorgabe der Randwerte des SOC über den Gradienten $SOC_{Gradient}$ und die Fahrstrecke

Mithilfe des Gradienten werden nur die Randwerte des SOC festgesetzt. Der Verlauf des SOC zwischen den Randwerten wird nicht weiter eingeschränkt. Zusätzlich werden mit dem Gradienten die sich aus der Betriebsstrategie ergebenden Kosten beziehungsweise Ersparnisse normiert. Als Referenz wird dabei der Kraftstoffverbrauch im Ladungserhaltungsbetrieb $m_{KS,CS}$ betrachtet. Die normierten Kraftstoffkosten $m_{KS,norm,CH}$ ergeben sich für Ladestrategien damit zu:

$$m_{KS,norm,CH} = \frac{m_{KS,CH} - m_{KS,CS}}{SOC_{Gradient}} \qquad \text{Gl. 6.3}$$

Dazu vergleichbar sind die normierten Kraftstoffersparnisse $m_{KS,norm,CD}$ bei Entladestrategien wie folgt definiert:

$$m_{KS,norm,CD} = \frac{m_{KS,CD} - m_{KS,CS}}{SOC_{Gradient}} \qquad \text{Gl. 6.4}$$

Über diese, auf die Gradienten normierten Kosten beziehungsweise Ersparnisse, wird ein Vergleich der kraftstoffoptimalen Betriebsstrategien ermöglicht. Darüber hinaus kann anhand dieser Größen bewertet werden, ob es kraftstoffeffizient ist, in der aktuellen Fahrsituation höhere Kosten zum Laden der

HV-Batterie aufzubringen, um in der anschließenden Fahrsituation die aufge-
ladene elektrische Energie einzusetzen. Insbesondere ist diese Fragestellung
hinsichtlich lokal emissionsfreiem Fahren interessant und wird nachfolgend
beantwortet.

6.2 Laden im Hybridbetrieb

Bei Fahrten bestehend aus verschiedenen Fahrsituationen kann bei einem
nicht ausreichend hohen Ladezustand der HV-Batterie ein aktuelles Laden
mit späterem Einsatz der elektrischen Energie zu Kraftstoffersparnissen
führen. Zusätzlich können so die weiteren Emissionen gezielt in bewohnten,
innerstädtischen Bereichen reduziert werden. Aus diesen Gründen werden in
einem ersten Schritt die beim Laden anfallenden Kraftstoffkosten detailliert
betrachtet. Dazu werden kraftstoffoptimale Betriebsstrategien für verschiedene Ladegradienten in außerstädtischen Fahrsituationen mit einer zulässigen
Höchstgeschwindigkeit von 100 km/h berechnet. Wie in Kapitel 4.1 erläutert,
variiert in den betrachteten Fahrsituationen das Verkehrsaufkommen von
keinem Verkehr bis hin zur Staufahrt sowie die Verkehrsregelung von keiner
(GPI = 9) bis hin zu starker Beeinflussung (GPI = 1). Die sich für die erste Fahrweise mit durchschnittlichen Beschleunigungen und Verzögerungen ergebenden normierten Kraftstoffkosten sind in Abhängigkeit der Eigenschaften der
Fahrsituationen in der Abbildung 6.2 dargestellt. Ein dargestellter Datenpunkt
zeigt dabei die mittleren Kosten für drei kraftstoffoptimale Betriebsstrategien,
deren zugrunde liegende Fahrsituationen über die zur Generierung verwendeten Parameter vergleichbar sind. Je nach Generierung der Fahrsituationen
können hohe Leistungsanforderungen auftreten, für die eine Berechnung mit
der hier verwendeten rückwärtsgerichteten Längsdynamiksimulation nicht
möglich ist. In diesen Fällen kann es dazu führen, dass einzelne wenige
Datenpunkte fehlen, was allerdings nichts an der Aussagekraft der Analysen
ändert.

Wie Abbildung 6.2 deutlich zeigt, steigen die Kosten mit zunehmend stärkerem
Laden über alle Fahrsituationen hinweg an. Bei der Betrachtung eines
Ladegradienten wie beispielsweise CH03 zeigt sich, dass die normierten Kraft-
stoffkosten näherungsweise unabhängig von der Verkehrsregelung sowie dem

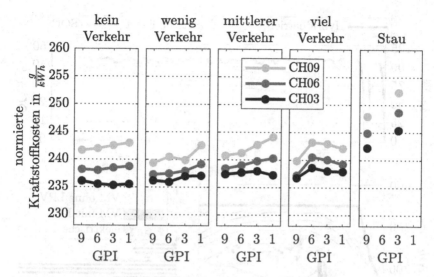

Abbildung 6.2: Normierte Kraftstoffkosten für verschiedene Ladegradienten in möglichen Fahrsituationen (v_{zul} = 100 km/h, Fahrer 1)

Verkehrsaufkommen sind. Leichte Schwankungen der Kosten untereinander sind in erster Linie auf die Generierung der Fahrsituationen zurückzuführen. Diese basiert zu einem gewissen Maß auf Zufälligkeiten. Des Weiteren werden in der Berechnung der Betriebsstrategien die VM-Startkosten berücksichtigt, die ab einer gewissen Höhe der Fahranforderungen unausweichlich sind und so zu Verschiebungen führen können. Die Ausnahme von den annähernd gleichen Kosten stellt die Staufahrt mit merklich höheren Kosten dar. Die Ursache für diesen Anstieg der Kosten liefert der Vergleich der von der Betriebsstrategie gewählten Betriebspunkte entsprechender Fahrsituationen. Zum Vergleich wird zuerst eine Fahrsituation ohne Beeinflussung (kein Verkehr und *GPI* = 9) betrachtet, siehe Abbildung 6.3. Dargestellt ist in dem oberen Diagramm der Geschwindigkeitsverlauf mit Kennzeichnung der gewählten Betriebsart sowie der SOC-Verlauf. Im Diagramm unten links sind das Motorenkennfeld mit den sogenannten Muschelkurven [98] sowie die Betriebspunkte des VM zu sehen. Weiterhin sind die theoretischen Betriebspunkte des VM ohne LPV und die elektrisch gefahrenen Betriebspunkte dargestellt. Rechts daneben sind die Anzahl der jeweiligen Betriebspunkte über das Drehmoment mittels eines

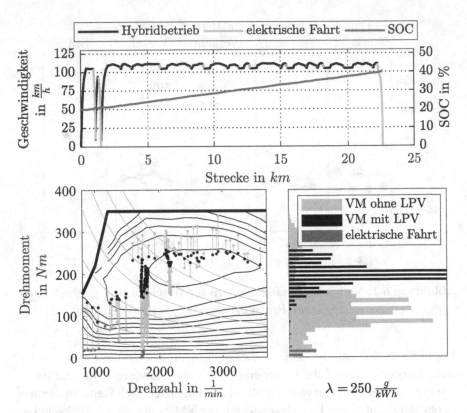

Abbildung 6.3: Die kraftstoffoptimale Betriebsstrategie für den Ladegradienten CH09 (v_{zul} = 100 km/h, Fahrer 1, kein Verkehr, *GPI* = 9)

Histogramms veranschaulicht. Wie zu sehen ist, werden nur wenige Abschnitte der Fahrt rein elektrisch gefahren und ein Großteil der Betriebspunkte liegt in Bereichen, die sich für eine günstige LPan eignen. Die wenigen vorhandenen Beschleunigungen können weiterhin effizient mit dem Einsatz von elektrischer Energie abgelastet werden. Im direkten Vergleich dazu zeigt die Abbildung 6.4 den Geschwindigkeitsverlauf sowie die Betriebszustände und Betriebspunkte einer Staufahrt mit zusätzlich hoher Beeinflussung durch die Verkehrsregelung (*GPI* = 3). Wie zu erkennen ist, werden die langen Abschnitte mit geringen Geschwindigkeiten effizient rein elektrisch gefahren. Wie neben den Betriebspunkten und dem Histogramm am SOC-Verlauf zu erkennen ist,

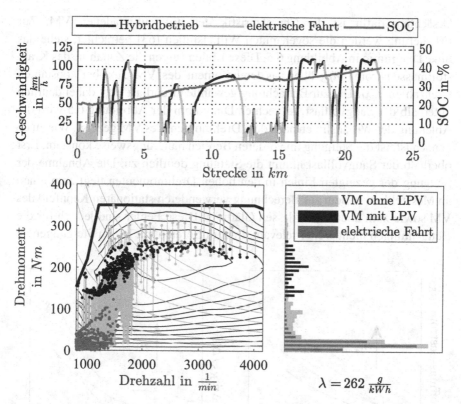

Abbildung 6.4: Die kraftstoffoptimale Betriebsstrategie für den Ladegradienten CH09 (v_{zul} = 100 km/h, Fahrer 1, Stau, *GPI* = 3)

wird dafür entsprechend viel elektrische Energie benötigt. Weiterhin verkürzt sich durch die elektrisch gefahrenen Streckenanteile im Vergleich zur vorher betrachteten Fahrsituation die Fahrstrecke zum effizienten Laden. Zusätzlich treten vergleichsweise häufiger Beschleunigungen mit hohen Leistungsanforderungen auf, die mit dem Einsatz elektrischer Energie abgelastet werden. Insgesamt führt dies dazu, dass die Betriebspunkte bei der LPan zu höheren Drehmomenten und damit in ineffizientere Bereiche verschoben werden. Das zusätzlich gewünschte Laden wird in diese Fahrsituationen damit entsprechend teuer.

Ursächlich dafür ist die Charakteristik des turboaufgeladenen VM. Zur
Erläuterung werden die sogenannten Willanslinien [63] betrachtet, siehe das
linke Diagramm in Abbildung 6.5. Diese Linien zeigen die Zunahme des Kraftstoffmassenstroms $\dot{m}_{KS}$ über das Drehmoment des VM T_{VM} bei konstanten
Drehzahlen n_{VM}. Die zur Betrachtung gewählte Grundlast liegt dabei deutlich
unterhalb der Saugvolllast. Im rechten Diagramm der Abbildung 6.5 wird die
Ableitung der Willanslinien nach dem Drehmoment des VM gezeigt. Wie zu erkennen ist, ist die Steigung im vorderen Bereich näherungsweise konstant. Erst
oberhalb der Saugvolllast nimmt die Steigung deutlich zu. Die Abnahme der
Steigung der gezeigten Linien in den hohen Drehmomenten liegt zum einen
an Messfehlern in dem zur Berechnung verwendeten stationären Kennfeld des
VM sowie zum anderen an dessen Glättung. Diese Fehler sind jedoch für die
Betrachtungen nicht weiter relevant. In dem Bereich mit hohen Steigungen ist

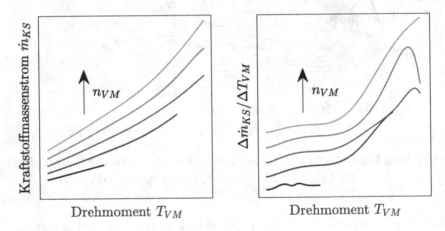

Abbildung 6.5: Zunahme des Kraftstoffmassenstroms $\dot{m}_{KS}$ über das Drehmoment des VM T_{VM} bei konstanten Drehzahlen

eine Erhöhung des LPan-Drehmoment mit einer merklich höheren Zunahme
des Kraftstoffmassenstroms verbunden. So lange die Betriebsstrategie den
VM größtenteils in Bereichen unterhalb der Saugvolllast betreiben kann, ist
eine hohe Kraftstoffeffizienz gegeben. Dies zu erreichen, hängt maßgeblich
von den Fahranforderungen ab. Geringe Anforderungen werden aus Effizienzgründen rein elektrisch gefahren. Auch bei hohen Anforderungen wird

elektrische Energie eingesetzt, um die Betriebspunkte entsprechend abzulasten beziehungsweise zu boosten. Eine hohe Kraftstoffeffizienz ist somit nur dann gegeben, wenn die Fahrt entsprechend viele Betriebspunkte aufweist, die günstig angehoben werden können und wenn die zum elektrisch Fahren und zum Ablasten benötigte elektrische Energie darüber gedeckt werden kann. Bei der zusätzlichen, hier gewünschten Anhebung des Ladezustands der HV-Batterie muss der Anteil dieser Betriebsbereiche bei der Fahrt nochmals höher sein, um weiterhin eine hohe Kraftstoffeffizienz auch mit Laden der HV-Batterie zu gewährleisten.

Dieser Zusammenhang zeigt sich auch bei der Betrachtung der normierten Kosten für kraftstoffoptimale Ladestrategien für die anderen beiden Fahrweisen, siehe Anhang A3.1 und A3.2. Insbesondere bei der zweiten Fahrweise mit starken Beschleunigungen und Verzögerungen ist in Fahrsituationen ohne Verkehr eine deutliche Zunahme der Kosten mit zunehmender Beeinflussung durch die Verkehrsregelung zu sehen. Die zunehmend häufiger auftretenden hohen Beschleunigungen benötigen entsprechend viel elektrische Energie zum Ablasten beziehungsweise Boosten. Weiterhin führen die starken Verzögerungen dieser Fahrweise dazu, dass ein Großteil der kinetischen Energie über die Reibbremse abgesetzt und nicht rekuperiert wird. Wie zuvor bei den Kosten der ersten Fahrweise erläutert, sind hier ebenfalls die Staufahrten aus den gleichen genannten Gründen für weiteres Laden ungeeignet. Die dritte Fahrweise zeigt nur eine leichte Zunahme der normierten Kraftstoffkosten über das Verkehrsaufkommen. Die Fahranforderungen liegen in Bereichen, in denen genügend elektrische Energie günstig nachgeladen werden kann, um zum einen die niedrigen Anforderungen der Staufahrt rein elektrisch zu fahren und zum anderen den Ladezustand der HV-Batterie wie gewünscht anzuheben.

Die Steigung der Fahrsituation führt zu einer Erhöhung der Grundlasten. Damit wird das mit den Willanslinien in Abbildung 6.5 veranschaulichte kraftstoffeffiziente Ladepotenzial eingeschränkt. Für die genaue Betrachtung dieses Einflusses sind in der folgenden Abbildung 6.6 die normierten Kraftstoffkosten ebenfalls für Steigungen von 2 % und 4 % dargestellt. Dabei werden sowohl Fahrsituationen mit als auch ohne Höhendifferenz zwischen Start und Ziel der Fahrt betrachtet, siehe zur Erläuterung Kapitel 4.3. Zur Übersichtlichkeit sind nur die normierten Kraftstoffkosten für den Ladegradienten CH06 dargestellt.

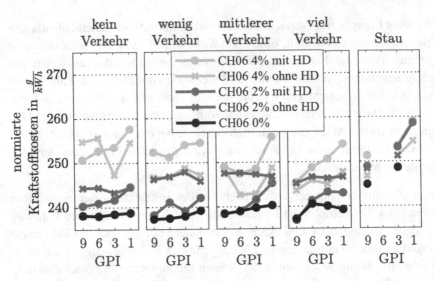

Abbildung 6.6: Einfluss der Steigung auf die normierten Kraftstoffkosten für das Laden der HV-Batterie (v_{zul} = 100 km/h, Fahrer 1)

Wie zu erkennen ist, führen schon diese geringen, in der Realität häufig auftretenden Steigungen zu einer deutlichen Erhöhung der normierten Kraftstoffkosten. Insbesondere Fahrsituationen mit einer geringen Beeinflussung und mit einer Steigung von nur 4 % mit Höhendifferenz resultieren in Betriebspunkten des VM, die für ein effizientes Laden nicht mehr geeignet sind. Abgesehen von den Staufahrten nimmt der Einfluss der Steigung auf die normierten Kraftstoffkosten mit der Zunahme des Verkehrs leicht ab. Die durch die Beeinflussung abgesenkten Geschwindigkeiten sowie das häufige Anfahren resultieren in Betriebspunkten, die für ein weiteres Laden der HV-Batterie vergleichsweise effizient sind. In manchen Fahrsituationen führt dies sogar dazu, dass die normierten Kraftstoffkosten für Fahrsituationen mit konstanten Steigungen von 2 % auf einem vergleichbaren Niveau mit denen in der Ebene liegen. In Staufahrten gilt dieser Zusammenhang nicht mehr. Hier wird vergleichsweise viel elektrische Energie für die geringen Lastanforderungen eingesetzt. Diese Energie muss zusätzlich zu der gewünschten Ladung in der um den elektrisch gefahrenen Teil verkürzten Fahrstrecke in der Steigung geladen werden. Damit sind die normierten Kraftstoffkosten in der Staufahrt auch in Steigungen entsprechend hoch. Ebenso ist das Laden in Fahrsituationen ohne Höhendifferenz schon bei Steigungen von 2 % vergleichsweise teuer. Der Grund dafür liegt in den geringen Fahranforderungen in der Hälfte der Fahrt, die bergab geht. Diese werden für eine hohe Kraftstoffeffizienz rein elektrisch gefahren und benötigen entsprechend viel elektrische Energie. Die zusätzlich zu dieser über den Ladegradienten geforderte elektrische Energie kann nur in der Hälfte der Fahrstrecke generiert werden, die bergauf geht und damit ohnehin schon hohe Grundlasten aufweist. Insgesamt resultiert dieser Betrieb in hohen normierten Kraftstoffkosten.

Die in der Ebene gezeigten Zusammenhänge hinsichtlich der normierten Kraftstoffkosten zeigen sich ebenfalls in Fahrsituationen mit den anderen zulässigen Höchstgeschwindigkeiten. Um die Auswirkungen der weiteren Fahrsituationen auf die Kraftstoffkosten übersichtlich darzustellen, werden für jede betrachtete zulässige Höchstgeschwindigkeit zwei repräsentative Fahrsituationen ausgewählt. Dabei weist je eine Fahrsituation eine geringe Beeinflussung (abgekürzt mit gB) durch den Verkehr sowie die Verkehrsregelung sowie eine hohe Beeinflussung (abgekürzt mit hB) auf. Betrachtet werden zulässige Höchstgeschwindigkeiten von 30 km/h, 50 km/h, 70 km/h, 100 km/h sowie 130 km/h. Vom linken bis zum rechten Diagramm sind die Ladegradienten von 0,003 $E_{Batt,max}$/km über 0,006 $E_{Batt,max}$/km bis 0,009 $E_{Batt,max}$/km in Abbildung 6.7 dargestellt. Obwohl nur ausgewählte Fahrsituationen dargestellt sind, sind auch hier die Zusammenhänge eindeutig erkennbar. Mit zunehmender Beeinflussung werden durchgehend alle Fahrsituationen teurer zum Laden der HV-Batterie. Geeignet zum Laden sind geringe Ladegradienten in Fahrsituationen mit geringer Beeinflussung und hohen zulässigen Höchstgeschwindigkeiten. In diesen Fahrsituationen liegen die Betriebspunkte in Bereichen, die sich für eine effiziente LPan eignen. Hingegen liegen die Betriebspunkte bei den niedrigeren zulässigen Höchstgeschwindigkeiten teilweise in Bereichen zur effizienten elektrischen Fahrt, für die zusätzlich zum gewünschten Laden elektrische Energie durch LPan in Abschnitten mit höheren Lasten zur Verfügung gestellt werden muss. In den niedrigen innerstädtischen Geschwindigkeitsbereichen nehmen die normierten Kraftstoffkosten nur geringfügig mit zunehmendem Ladegradienten zu. Demgegenüber steigen die Kosten in den höheren Geschwindigkeitsbereichen mit zunehmenden Ladegradienten deutlich stärker an und nähern sich mit

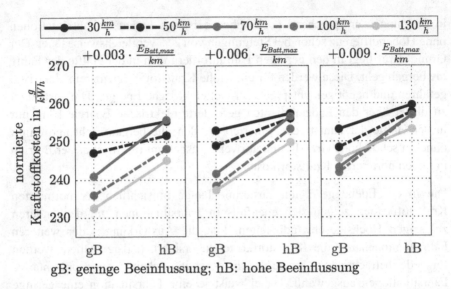

gB: geringe Beeinflussung; hB: hohe Beeinflussung

Abbildung 6.7: Normierte Kraftstoffkosten für verschiedene Ladegradienten (Fahrer 1, in der Ebene)

ihren Kosten denen in den niedrigen Geschwindigkeitsbereichen an. Ähnlich verhalten sich die normierten Kraftstoffkosten auch für die anderen beiden Fahrweisen, siehe Anhang A3.3 und A3.4. Bei der zweiten Fahrweise mit hohen Beschleunigungen wirkt sich die Beeinflussung durch die Verkehrsregelung und das Verkehrsaufkommen besonders stark auf die normierten Kraftstoffkosten aus. Die durch die Beeinflussungen bedingten häufigen Beschleunigungen benötigen aufgrund der Fahrweise viel elektrisch Energie zum Ablasten beziehungsweise Boosten. Dadurch steigen die normierten Kraftstoffkosten stark an. Bei dieser Fahrweise mit hohen Zielgeschwindigkeiten sind die Bereiche mit zulässigen Höchstgeschwindigkeiten von 100 km/h besser geeignet für effizientes Nachladen als die bei 130 km/h. Die bei zulässigen Geschwindigkeiten von 130 km/h gefahrenen Geschwindigkeiten resultieren in Fahranforderungen, die nur noch ein geringes Potenzial zum effizienten Laden bieten. Hingegen führen die geringen Beschleunigungen der dritten Fahrweise dazu, dass sich die Beeinflussung durch die Verkehrsregelung und das Verkehrsaufkommen nicht so deutlich auf die normierten Kraftstoffkosten auswirkt. Wenngleich auch in einem entsprechend geringeren Ausmaß, zeigen sich hier ebenfalls die zuvor erläuterten Zusammenhänge. Insgesamt bestätigen die Erkenntnisse die grundsätzliche Annahme, dass sich außerstädtische Fahrsituationen eher zum Laden der HV-Batterie eignen als innerstädtische. Dieses Ergebnis gilt jedoch nicht für die folgenden Ausnahmen: Steigungen von ungefähr 4 % reichen bei dem betrachteten Versuchsträger schon aus, dass die Grundlastpunkte in Bereiche angehoben werden, die sich nicht mehr für ein effizientes Laden eignen. Weiterhin wird wegen der niedrigen Fahranforderungen in Fahrsituationen mit Staufahrten sowie leichten Bergabfahrten entsprechend viel Energie für effizientes elektrisches Fahren benötigt. Dieses verkürzt zum einen die Fahrstrecke in der effizient geladen werden kann und zum anderen wird der elektrische Energiebedarf zusätzlich zur gewünschten Ladung erhöht. Ebenfalls sind Fahrten mit starken Beschleunigungen, die viel elektrische Energie zum Ablasten benötigen, ungeeignet für weiteres Laden. Bis auf diese genannten Ausnahmen sind außerstädtische Fahrsituationen geeignet zum Laden der HV-Batterie mittels LPan.

6.3 Entladen im Hybridbetrieb

Falls in einer aktuellen, außerstädtischen Fahrsituation die in der HV-Batterie verfügbare elektrische Energie die zum anschließend innerstädtisch lokal emissionsfreiem Fahren Benötigte überschreitet, kann die Differenz zur Reduzierung des Kraftstoffverbrauchs vor Einfahrt in die Zone eingesetzt werden. Um den Verbrauch dabei so weit wie möglich zu reduzieren, werden hier die Ersparnisse in Abhängigkeit der Fahrsituationen und der Entladestrategie detailliert untersucht und Zusammenhänge abgeleitet. Dazu zeigt die folgende Abbildung 6.8 die auf die jeweiligen Entladegradienten normierten Kraftstoffersparnisse für mögliche Fahrsituationen mit einer zulässigen Höchstgeschwindigkeit von 100 km/h. Die Fahrsituationen sind dabei mit der ersten Fahrweise gefahren. Die resultierenden Kraftstoffersparnisse sind über die zur Parametrierung der Fahrsituation verwendeten Verkehrsaufkommen und Verkehrsregelungen aufgetragen. Wie zu erkennen ist, sind die Kraftstoffersparnisse vor allem in Staufahrten hoch. In den dort häufig auftretenden geringen Geschwindigkeiten und Lastanforderungen kann die elektrische Energie effizient zur elektrischen Fahrt eingesetzt werden. Mit

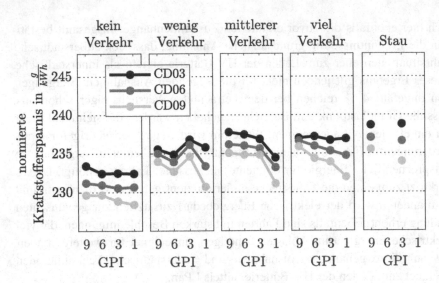

Abbildung 6.8: Normierte Kraftstoffersparnisse für verschiedene Entladegradienten in möglichen Fahrsituationen (v_{zul} = 100 km/h, Fahrer 1)

abnehmender Beeinflussung durch den Verkehr sowie die Verkehrsregelung nehmen die normierten Kraftstoffersparnisse ebenfalls ab. Besonders in Fahrten mit hohen, konstanten Geschwindigkeiten wie im Fall von keinem Verkehr kann die elektrische Energie im Vergleich zu den anderen Fahrsituationen nicht effizient eingesetzt werden. Darüber hinaus zeigt sich, dass der geringe Entladegradient CD03 jeweils die höchsten normierten Ersparnisse aufweist. Die kraftstoffoptimale Betriebsstrategie setzt die elektrische Energie zuerst in Bereichen ein, die die höchsten Ersparnisse aufweisen. Mit dem weiteren Einsatz elektrischer Energie wird dann zwar absolut der Kraftstoffverbrauch reduziert, jedoch sind die Ersparnisse relativ gesehen geringer.

Die beschriebenen Zusammenhänge zeigen sich ebenfalls für die anderen beiden Fahrweisen, wie in Abbildung A3.5 und Abbildung A3.6 veranschaulicht ist. Insbesondere bei der zweiten Fahrweise mit hohen Zielgeschwindigkeiten fällt auf, dass in Fahrsituationen ohne Verkehr in den hohen gefahrenen Geschwindigkeiten die elektrische Energie nicht effizient eingesetzt werden kann. Mit zunehmendem Verkehr und damit durch vorausfahrende Fahrzeuge eingeschränkten Beschleunigungen verschieben sich die Betriebspunkte in niedrigere Lastbereiche, die sich für einen effizienteren Einsatz der Energie eignen. Vor allem in Staufahrten ist dann die Kraftstoffersparnis vergleichsweise hoch. Die dritte Fahrweise mit geringen Beschleunigungen und Verzögerungen resultiert für verschiedene Bedingungen hinsichtlich des Verkehrs und des Verkehrsaufkommens in Betriebspunkten, die niedrige Grundlasten aufweisen. Die höheren dieser Lasten treten in Beschleunigungen auf und werden mit dem Einsatz von elektrischer Energie abgelastet. Weiterhin werden die leicht niedrigeren Betriebspunkte bis zu konstanten Geschwindigkeiten um 100 km/h rein elektrisch gefahren. In beiden Fällen wird damit die elektrische Energie in Betriebsbereichen eingesetzt, die vergleichsweise geringe Einsparungen aufweisen.

Wie weiterhin in Abbildung A3.6 zu sehen ist, schwanken die normierten Kraftstoffersparnisse in den Staufahrten stark. Die Schwankung liegt vor allem an den folgenden Unterschieden in den generierten Fahrsituationen: Die Fahrsituationen, für die sich die vergleichsweise niedrigen normierten Kraftstoffersparnisse ergeben, weisen viele Beschleunigungen auf, die unabhängig von der Betriebsstrategie VM-Laufzeiten bedingen. Im Anschluss an diese kurzen, stärkeren Beschleunigungen folgen vergleichsweise niedrige Betriebspunkte, die mit dem Einsatz elektrischer Energie abgelastet werden. Demgegenüber weisen die Fahrsituationen für die sich höhere Kraftstoffersparnisse ergeben mehr Betriebspunkte auf, die sich für effiziente elektrische Fahrt eignen. Dies resultiert im Vergleich zu den zuvor genannten Fahrsituationen in höheren normierten Kraftstoffersparnissen.

Zur weiteren Analyse wird der Einfluss der Steigung auf die normierten Kraftstoffersparnisse betrachtet. Wie in Abbildung 6.9 zu sehen ist, werden dazu Steigungen von 2 % und 4 % in den beiden Fällen mit und ohne Höhendifferenz betrachtet. Insbesondere in Fahrsituationen mit geringer Beeinflussung durch die Verkehrsregelung beziehungsweise das Verkehrsaufkommen reduzieren sich bei zusätzlichen Steigungen die normierten Kraftstoffersparnisse. Vor allem in Fahrsituationen mit einer Steigung von 4 % ohne Höhendifferenz sind die Ersparnisse gering. Dies ist begründet in der Hälfte der Fahrt, die ein Gefälle von 4 % aufweist. Dieses reicht aus, dass selbst in den auftretenden Konstantfahrten bei einer Geschwindigkeit

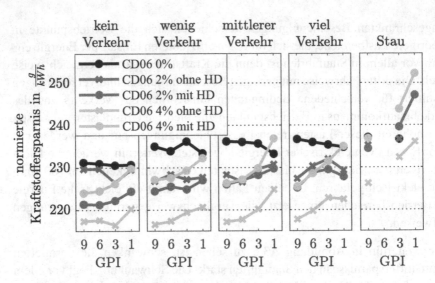

Abbildung 6.9: Einfluss der Steigung auf die normierten Kraftstoffersparnisse für das Entladen der HV-Batterie (v_{zul} = 100 km/h, Fahrer 1)

von 100 km/h die HV-Batterie über Rekuperation geladen wird. Damit steht entsprechend mehr elektrische Energie zur Verfügung, die in der Steigung der Fahrsituation eingesetzt wird. Insgesamt führt der vermehrte Energieeinsatz zu den niedrigeren normierten Kraftstoffersparnissen. Bis auf die gerade erläuterten Fahrsituationen mit starken Gefällen nehmen die Unterschiede in den Kraftstoffersparnissen zwischen Fahrsituationen in der Ebene und denen mit den anderen Steigungen mit zunehmender Beeinflussung ab. Teilweise werden sogar in Fahrsituationen mit Steigungen leicht höheren Ersparnissen erreicht. Im Fall von Staufahrten lohnt sich der Einsatz der elektrischen Energie in konstanten Bergauffahrten verhältnismäßig mehr als in der Ebene. Dies liegt an der Verschiebung der Lastanforderungen der Beschleunigungen durch die Steigung in Bereiche, die effizient abgelastet werden können.

Die in der Abbildung 6.10 dargestellten Kraftstoffersparnisse für Fahrsituationen mit verschiedenen zulässigen Höchstgeschwindigkeiten bekräftigen die Annahme, dass der Einsatz der elektrischen Energie vor allem in den niedrigen Geschwindigkeitsbereichen effizient ist. Die Abnahme der normierten Kraftstoffersparnis ist deutlich für die betrachteten zulässigen Höchstge-

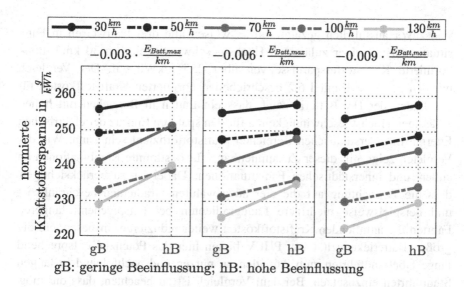

Abbildung 6.10: Normierte Kraftstoffersparnisse für verschiedene Entlade-gradienten (Fahrer 1, in der Ebene)

schwindigkeiten zu erkennen. Weiterhin wird auch hier der zuvor beschriebene Zusammenhang bestätigt, dass die Kraftstoffersparnisse in Fahrsituationen mit einer hohen Beeinflussung verhältnismäßig höher sind. Ebenfalls zeigt sich auch hier die leichte Abnahme der normierten Kraftstoffersparnis mit zunehmend höherem Einsatz elektrischer Energie. Die hier beschriebenen Zusammenhänge zeigen sich ebenfalls bei den anderen beiden Fahrweisen, wie in Abbildung A3.7 und Abbildung A3.7 zu sehen ist. Insbesondere die Beschränkung der hohen Beschleunigungen und Verzögerungen der zweiten Fahrweise durch vorausfahrende Fahrzeuge bei Verkehrsaufkommen resultiert in Betriebsbereichen, die sich vor allem im Vergleich zu den nicht einge-schränkten Fahrsituationen für den Einsatz von elektrischer Energie eignen. Dabei wird die elektrische Energie insbesondere für effizientes elektrisches Fahren eingesetzt. Bei der dritten Fahrweise mit geringen Beschleunigun-gen und Verzögerungen fallen die Unterschiede deutlich geringer zwischen Fahrsituationen mit und ohne Beeinflussung aus. Insbesondere in niedrigen zulässigen Geschwindigkeitsbereichen kann die elektrische Energie in beiden Fällen effizient eingesetzt werden.

Wie zuvor ausführlich gezeigt wurde, weisen alle drei Fahrweisen in Fahrsituationen mit einer zulässigen Höchstgeschwindigkeit von 30 km/h hohe normierte Kraftstoffersparnisse von über 255 g/kWh auf. Der Vergleich mit den zuvor in Kapitel 6.2 beschriebenen normierten Kraftstoffkosten für das Laden der HV-Batterie zeigt, dass ein Laden in Bereichen mit hohen zulässigen Höchstgeschwindigkeiten für den späteren Einsatz der elektrischen Energie in innerstädtischen Bereichen kraftstoffeffizient sein kann. Wie der Vergleich zeigt, gilt dieser Zusammenhang für bestimmte Kombinationen an außer- und innerstädtischen Fahrsituationen. Dabei ist zu berücksichtigen, dass die Betrachtung auf die hier ausgewählten Gradienten beschränkt ist und beispielsweise niedrigere Ladegradienten bei entsprechend längeren Fahrten die anfallenden Kraftstoffkosten weiter reduzieren. Insbesondere die großen Batteriekapazität von PHEV bieten hier das Potenzial entsprechend lange Überlandfahrten zum Aufladen zu nutzen und nachfolgend in langen Stadtfahrten einzusetzen. Bei dem Vergleich ist zu beachten, dass die möglichen Kraftstoffersparnisse stark abhängig von dem Verhältnis der inner- zu außerstädtischen Streckenlängen sind. Für einen solchen Betrieb sind daher ganz besonders Fahrten geeignet, bei denen auf lange Überlandfahrten kurze Stadtfahrten folgen.

6.4 Laden im Hybridbetrieb für lokal emissionsfreies Fahren

Wie aus den vorherigen Analysen hervorgeht, kann es bei gewissen Kombinationen von Fahrsituationen kraftstoffeffizient sein, für einen Entladebetrieb in innerstädtischen Fahrsituationen vorab in einer Überlandfahrt die HV-Batterie mittels LPan zu laden. Die dafür in den vorhergehenden Analysen betrachteten Entladegradienten bis einschließlich -0,009 $E_{Batt,max}$/km reichen jedoch nicht für eine durchgehende elektrische Fahrt in den innerstädtischen Bereichen aus. Aus diesem Grund wird in diesem Abschnitt detailliert untersucht, ob ein vorheriges Laden für innerorts rein elektrisches Fahren im Vergleich zum Ladungserhaltungsbetrieb neben den Emissionen auch den Kraftstoffbedarf verringert. Dazu wird die normierte Kraftstoffersparnis $m_{KS,EF}$ durch die elektrische Fahrt betrachtet. Diese berechnet sich für eine Fahrsituation aus dem

Quotienten zwischen dem zum Durchfahren mit einem kraftstoffoptimalen Ladungserhaltungsbetrieb benötigten Kraftstoff $m_{KS,CS}$ und der für elektrische Fahrt benötigten Energie $E_{Batt,EF}$.

$$m_{KS,EF} = \frac{m_{KS,CS}}{E_{Batt,EF}} \hspace{4cm} \text{Gl. 6.5}$$

Sowohl der Kraftstoff- als auch der elektrische Energiebedarf werden dabei mit dem rückwärtsgerichteten Längsdynamiksimulationsmodell berechnet und liefern so vergleichbare Ergebnisse.

In einem ersten Schritt werden die Kraftstoffersparnisse durch lokal emissionsfreie Fahrt für Fahrsituationen mit einer zulässigen Höchstgeschwindigkeit von 50 km/h betrachtet. Die Abbildung 6.11 zeigt die Kraftstoffersparnisse für entsprechende Fahrsituationen in der Ebene sowie mit häufig auftretenden Steigungen für die erste Fahrweise.

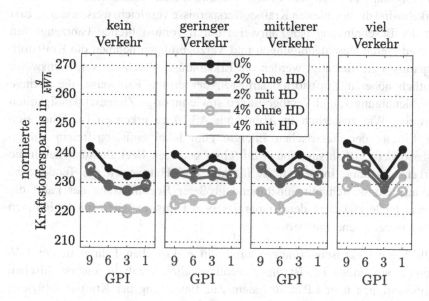

Abbildung 6.11: Kraftstoffersparnisse durch rein elektrische Fahrt im Vergleich zum kraftstoffoptimalen Ladungserhaltungsbetrieb (v_{zul} = 50 km/h, Fahrer 1)

Wie zu erkennen ist, liegen die Kraftstoffersparnisse für einen Betrag der Steigung mit leichten Schwankungen auf einem vergleichbaren Niveau. Davon abweichend ergeben sich leicht höhere Ersparnisse zum einen für Fahrsituationen ohne eine Beeinflussung sowie zum anderen mit starker Beeinflussung. Wie darüber hinaus deutlich zu erkennen ist, nehmen die Ersparnisse mit zunehmenden Steigungen ab. Dabei macht es jedoch nur einen geringen Unterschied, ob die Fahrten einen Höhendifferenz aufweisen oder nicht. Absolut wird zum Fahren in Fahrsituationen mit Höhendifferenz und 4 % Steigung zwar ungefähr doppelt so viel Kraftstoff beziehungsweise elektrische Energie benötigt, das Verhältnis und damit die normierten Kraftstoffersparnisse bleiben jedoch annähernd gleich.

Eine Fahrweise mit hohen Beschleunigungen und Verzögerungen verringert in vergleichbaren Fahrsituationen die Ersparnisse hingegen deutlich, wie in der Abbildung A3.9 zu sehen ist. Vor allem in Fahrsituationen ohne weiteren Verkehr sind die normierten Kraftstoffersparnisse vergleichsweise niedrig. Erst mit der Beschränkung der Fahrweise durch vorausfahrende Fahrzeuge hin zu niedrigeren Beschleunigungen und Verzögerungen nehmen die Kraftstoffersparnisse zu. Bestätigt werden die Erkenntnisse durch die vergleichsweise deutlich höheren Kraftstoffersparnissen der dritten Fahrweise, die geringe Beschleunigungen und Verzögerungen sowie niedrige Zielgeschwindigkeiten aufweist. Wie zusätzlich in Abbildung A3.10 zu erkennen ist, lohnt sich der Einsatz der elektrischen Energie zum lokal emissionsfreiem Fahren insbesondere in Fahrsituationen mit einer geringen Beeinflussung durch die Verkehrsregelung. Insgesamt ist für alle drei Fahrweisen die Tendenz zu erkennen, dass sich mit zunehmend größerer Beeinflussung der Fahrt die Unterschiede zwischen den Ersparnissen in Fahrsituationen mit Steigungen denen in der Ebene annähern.

Falls keine elektrische Energie zum rein elektrischen Fahren in der HV-Batterie vorhanden ist, ist diese wenn möglich vorab in außerstädtischen Fahrsituationen über LPan zu laden. Zur Bewertung der Kraftstoffeffizienz werden dazu die Kraftstoffersparnisse durch rein elektrisches Fahren mit den zum Laden benötigten Kosten verglichen. Dabei wird als Referenz der kraftstoffoptimale Ladungserhaltungsbetrieb der zusammengesetzten Fahrsituationen mit der Bedingung gesetzt, dass der SOC am Beginn und am Ende der Fahrt sowie am Übergang der beiden Fahrsituationen gleich ist. Für die außerstädtische Fahrsituation wird die zulässige Höchstgeschwindigkeit von 100 km/h ausgewählt. Diese weist wie vorhergehend in Abbildung 6.7 und Abbildung A3.3 gezeigt für die erste und dritte Fahrweise leicht höhere Kosten als die Fahrsituationen mit einer zulässigen Höchstgeschwindigkeit von 130 km/h auf. Für die zweite Fahrweise treten die minimalen Kraftstoffkosten in Fahrsituationen mit der zulässigen Höchstgeschwindigkeit von 100 km/h auf. Die in der folgenden Abbildung 6.12 dargestellten Ergebnisse zeigen damit häufig auftretende Fahrsituationen, die allerdings nicht das gänzlich mögliche Potenzial aufzeigen. Dargestellt sind die normierten Kraftstoffkosten

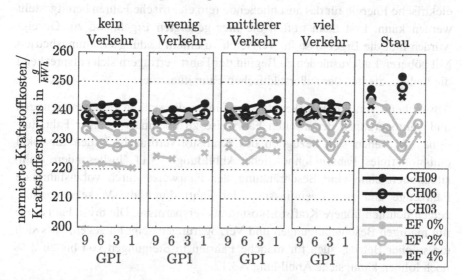

Abbildung 6.12: Normierte Kraftstoffkosten zum Laden (v_{zul} = 100 km/h) im Vergleich zu den normierten Kraftstoffersparnissen durch rein elektrisch Fahrt (v_{zul} = 50 km/h, Fahrer 1)

für das Laden der HV-Batterie mit den Ladegradienten CH03, CH06 und CH09. Den Kosten gegenübergestellt sind die Kraftstoffersparnisse für die rein elektrische Fahrt in der Ebene sowie mit den konstanten Steigungen von 2 % und 4 % bei einer zulässigen Höchstgeschwindigkeit von 50 km/h. Verglichen werden die Kosten und Ersparnisse für verschiedene mögliche Kombinationen hinsichtlich der Verkehrsregelung und des Verkehrsaufkommens.

Der Vergleich zeigt, dass sich das Laden mit geringen Ladegradienten in Fahrsituationen mit bis zu viel Verkehr für lokal emissionsfreies Fahren teilweise auch hinsichtlich des Kraftstoffverbrauchs lohnt. Dies gilt vor allem für Fahrsituationen ohne eine Beeinflussung sowie mit starker Beeinflussung durch die Verkehrsregelung und das Verkehrsaufkommen. Nicht mehr lohnt sich ein solcher Betrieb aus Sicht der Kraftstoffeffizienz für innerstädtische Fahrten mit leichten Steigungen von nur 2 %. Insgesamt ist bei dem hier durchgeführten Vergleich das Verhältnis der Streckenlängen der inner- und außerstädtischen Fahrsituationen zu berücksichtigen. Das Verhältnis muss ausreichend groß sein, so dass mit den gezeigten Ladegradienten genügend elektrische Energie für das anschließende rein elektrische Fahren bereitgestellt werden kann. Erst dann treffen die hier gezeigten Ergebnisse zu. Gezeigt wurden hier die Ergebnisse im Vergleich zu einem Ladungserhaltungsbetrieb. Mit höheren Ladezuständen zu Beginn der Fahrt verringern sich entsprechend die Ladegradienten der außerstädtischen Fahrsituationen.

Abweichend von diesen Erkenntnissen führen die starken Beschleunigungen und Verzögerungen der zweiten Fahrweise zu nochmals weniger Fahrsituationen, in denen sich bezüglich des Kraftstoffverbrauchs Laden für lokal emissionsfreies Fahren lohnt, siehe Abbildung A3.11. Insbesondere Fahrsituationen ohne eine Beschränkung der Fahrweise durch vorausfahrende Fahrzeuge und eine Beeinflussung der Fahrt durch die Verkehrsregelung zeigen deutlich höhere Kraftstoffkosten als -ersparnisse. Die dritte Fahrweise mit mäßigen Beschleunigungen und Verzögerungen zeigt hingegen, dass sich ein solcher Betrieb auch für manche Fahrten in Steigungen von bis zu 2 % noch lohnen kann, siehe Abbildung A3.12.

In deutlich mehr Kombinationen an Fahrsituationen lohnt sich der gewünschte Betrieb bei Einfahrt in eine Fahrsituation mit einer zulässigen Höchstgeschwindigkeit von nur 30 km/h. Der Vergleich der Kosten mit den Ersparnissen wird für solche Fahrsituationen mit der ersten Fahrweise in Abbildung 6.13 gezeigt. Wie zu sehen ist, ist es teilweise sogar lohnenswert für Stadtfahrten mit Steigungen von bis zu 4 % vorab die HV-Batterie aufzuladen. Abgesehen von Fahrsituationen ohne Verkehr gilt dies auch für die zweite Fahrweise mit hohen Beschleunigungen und Verzögerungen, siehe Abbildung A3.13. In fast allen Fahrsituationen weist ein solcher Betrieb Kraftstoffersparnisse

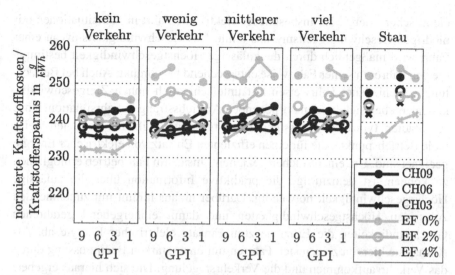

Abbildung 6.13: Normierte Kraftstoffkosten zum Laden (v_{zul} = 100 km/h) im Vergleich zu den normierten Kraftstoffersparnissen durch rein elektrisch Fahrt (v_{zul} = 30 km/h, Fahrer 1)

gegenüber einem Ladungserhaltungsbetrieb für die dritte Fahrweise mit niedrigen Beschleunigungen und Verzögerungen auf, siehe Abbildung A3.14. Bei der Bewertung ist zu beachten, dass die verwendeten kraftstoffoptimalen Betriebsstrategien in der Realität nicht umzusetzen sind und daher die Kosten zum Laden entsprechend höher sind. Für die Antriebsstrangauslegung des Versuchsträgers wurde gezeigt, dass es Kombinationen an Fahrsituationen gibt, für die sich ein außerstädtisches Aufladen für eine anschließende lokal emissionsfreie Stadtfahrt auch unter dem Aspekt des Kraftstoffverbrauchs im Vergleich zu einem Ladungserhaltungsbetrieb lohnt.

6.5 Ableitung der essentiellen prädiktiven Informationen

Anhand der zuvor gezeigten Analysen werden die für einen kraftstoff-effizienten Hybridbetrieb notwendigen prädiktiven Informationen abgeleitet. Die Ergebnisse bestätigen die geläufige Annahme, dass sich der Einsatz von elektrischer Energie für insbesondere elektrische Fahrt in Fahrsituationen mit niedrigen Geschwindigkeitsniveaus lohnt. Das Geschwindigkeitsniveau einer Fahrt wird maßgeblich durch die zulässige Höchstgeschwindigkeit bestimmt, die den Fahrer in seiner Fahrweise entsprechend beschränkt. Auch bei Betrachtung verschiedener Fahrweisen mit unterschiedlich hohen Zielgeschwindigkeiten ergeben sich für den vorliegenden Antriebsstrang in Fahrsituationen mit für Städten typischen zulässigen Höchstgeschwindigkeiten vergleichsweise viele Betriebspunkte, die für einen effizienten Einsatz von elektrischer Energie geeignet sind. Um einen solchen gezielten Einsatz im Fahrbetrieb ermöglichen zu können, ist demzufolge die prädiktive Information über die zulässige Höchstgeschwindigkeit notwendig. Darüber hinaus nimmt mit zunehmenden zulässigen Höchstgeschwindigkeiten und damit einhergehend gefahrenen Geschwindigkeiten die Effizienz zum Einsatz elektrischer Energie ab. Als Ausnahme hiervon zeigen sich Fahrten mit einer starken Beeinflussung durch das Verkehrsaufkommen und die Verkehrsregelung. Die sich hieraus ergebenden niedriglastigen Betriebspunkte eignen sich ebenfalls für den effizienten Einsatz der elektrischen Energie. Damit ist hier zusätzlich die Information über die durchschnittlich gefahrenen Geschwindigkeiten für die Bestimmung entsprechender Staufahrten und der Planung des Energieeinsatzes notwendig.

Weiterhin bestätigen die Ergebnisse, dass sich grundsätzlich außerstädtische Fahrsituationen mit hohen gefahrenen Geschwindigkeiten für das Laden der HV-Batterie mittels LPan eignen. Dies gilt, solange die Verkehrsregelung die zulässige Höchstgeschwindigkeit auf die hier betrachteten 130 km/h beschränkt und weiterhin keine Staufahrten auftreten. Höhere gefahrene Geschwindigkeiten als diese verschieben die Grundlasten in Bereiche, die im Fall des betrachteten Antriebsstrangs nicht mehr für eine effiziente LPan geeignet sind. Zu einem vergleichbaren Effekt führen ebenfalls Steigungen in niedrigeren Geschwindigkeiten. Wie aus den Ergebnissen in Abbildung 6.6 hervorgeht, ist in Fahrsituationen mit 4 % Steigung und einer zulässigen Höchstgeschwindigkeit von 100 km/h kein kraftstoffeffizientes Ladepotenzial mehr vorhanden. In Gefällefahrten zeigt sich, dass es je nach Verkehrsaufkommen und Verkehrsregelung nicht sichergestellt ist, ob über das gesamte Gefälle der Ladezustand durch Rekuperation angehoben werden kann. Teilweise werden durch das Gefälle die Betriebspunkte hin zu geringen Lasten verschoben, die sich für eine effiziente, elektrische Fahrt eignen und damit eine

Absenkung des Ladezustands zur Folge haben. Einen vergleichbaren Betrieb bedingen Staufahrten in außerstädtischen Bereichen. Durch diese beiden genannten Bedingungen verkürzt sich die für LPan geeignete außerstädtische Fahrstrecke. Dies führt einhergehend mit dem elektrischen Energiebedarf für das elektrische Fahren der niedrigen Lastbereiche bei einem gewünschten Ladebetrieb zu einer Anhebung des Ladegradienten. Gerade hier zeigen die Ergebnisse, dass mit zunehmenden Gradienten die Kraftstoffeffizienz abnimmt. Dies führt in den zuvor angesprochenen Fahrsituationen zu weiter abnehmender Effizienz.

Die zuvor dargestellten Grenzen bestätigen grundsätzlich die gewünschte Zielsetzung der prädiktiven Betriebsstrategie, außerorts den Ladezustand der HV-Batterie auch mit einem Ladebetrieb kraftstoffeffizient konditionieren zu können, um in einer anschließenden Stadtfahrt die elektrische Energie effizient einsetzen zu können. Bei einer entsprechenden Auslegung ist aber zu bedenken, dass die angesprochenen Grenzen sich je nach vorliegenden Fahrsituationen verschieben können.

Eine darüber hinausgehende Vermeidung von Emissionen in bewohnten Gebieten durch rein elektrische Fahrt ist vor allem in Fahrten mit einem deutlich höheren außerstädtischen Anteil kraftstoffeffizient möglich ist. Maßgeblich ist hierfür, dass die außerstädtischen Fahrsituationen für eine effiziente LPan geeignet sind. Wie zuvor erläutert ist dies der Fall, wenn die Fahrsituationen ein geringes Verkehrsaufkommen und nur geringe Steigungen aufweisen sowie in der Geschwindigkeit beschränkt sind. Das lokal emissionsfreie innerstädtische Fahren ist kraftstoffeffizient, wenn die Fahrt nicht stark durch die Verkehrsregelung beeinflusst wird und nur geringe Steigungen aufweist. In den anderen Fällen gilt es abzuwägen, ob der notwendige Kraftstoffmehraufwand für das lokal emissionsfreie Fahren vertretbar ist. Je länger die außerstädtische Fahrt vergleichsweise ist, desto geringer ist der Mehraufwand. Für das Erreichen der Zielsetzung ist die Erkennung von bewohnten Gebieten notwendig. In einem gewissen Rahmen ist dies anhand der auf den Straßen erlaubten zulässigen Höchstgeschwindigkeiten möglich. Um auch vorhandene Abweichungen davon einordnen zu können, sind weitere Informationen wie zum Beispiel die umliegende Bebauung oder Stadtgrenzen notwendig.

7 Regelbasierte, prädiktive Betriebsstrategie

Basierend auf den in Kapitel 5 und Kapitel 6 durchgeführten Analysen und den dabei abgeleiteten Zusammenhängen wird im Folgenden eine regelbasierte, prädiktive Betriebsstrategie (PBS) ausgelegt. Die primäre Zielsetzung der PBS ist ein innerstädtisches, lokal emissionsfreies Fahren bei höchstmöglicher Kraftstoffeffizienz. Im Fall eines dafür benötigten elektrischen Energiebedarfs, der über den kraftstoffeffizient bereitzustellenden Anteil hinausgeht, wird jedoch von dieser primären Anforderung abgewichen und es wird zur Gewährleistung einer hohen Kraftstoffeffizienz die Stadtfahrt nur anteilig elektrisch gefahren. Hierzu werden zunächst in Kapitel 7.1 die benötigten prädiktiven Informationen der PBS beschrieben. Darauf folgend wird die Umsetzung der PBS in Kapitel 7.2 erläutert. Mit anschließenden Simulationen wird die PBS hinsichtlich der Erfüllung der Zielsetzungen in Kapitel 7.3 bewertet. Dabei wird ebenfalls die Gültigkeit der zuvor abgeleiteten Zusammenhänge überprüft sowie der Mehrwert möglicher prädiktiver Informationen hinsichtlich der Zielsetzung dargelegt.

7.1 Prädiktive Informationen der PBS

Zum Erreichen der Zielsetzung der PBS bedarf es der Kenntnis des Fahrtziels und der vorausliegenden Fahrstrecke. Um für diese die elektrisch zu fahrenden Abschnitte, den dafür benötigte Energiebedarf und die entsprechende Konditionierung der HV-Batterie im Hybridbetrieb planen zu können, sind, wie die Analysen in den Kapiteln 5 und 6 gezeigt haben, weitere prädiktive Informationen essentiell. Dazu zählen die Steigung, die zulässige Höchstgeschwindigkeit, die durchschnittlich gefahrene Geschwindigkeit sowie die voraussichtlichen Nebenverbraucherlasten. Die Hintergründe zu den Notwendigkeiten der einzelnen Informationen werden in den Kapiteln 5.4 und 6.5 zusammengefasst, auf die an dieser Stelle verwiesen wird. Für die folgende Auslegung und die anschließenden Untersuchungen wird angenommen, dass diese Informationen mit einer hohen Güte im Fahrzeug zur Verfügung stehen.

© Der/die Autor(en), exklusiv lizenziert durch
Springer Fachmedien Wiesbaden GmbH, ein Teil von Springer Nature 2021
T. Schürmann, *Untersuchungen zum kraftstoffeffizienten und lokal emissionsfreien Betrieb paralleler Plug-in- Hybridfahrzeuge und zur Auslegung darauf basierender, prädiktiver Betriebsstrategien*, Wissenschaftliche Reihe Fahrzeugtechnik Universität Stuttgart, https://doi.org/10.1007/978-3-658-34756-7_7

Im Fall der durchschnittlich gefahrenen Geschwindigkeit sind bezüglich der Genauigkeit Einschränkungen einzugehen, da durch die dynamischen Einflüsse der Verkehrsregelung und des Verkehrsaufkommens bei Eintreffen des Fahrzeugs abweichende Fahrsituationen vorliegen können. Die Nebenverbraucherlast wird über einen Anteil für die initiale Kühl- oder Heizphase zur Fahrzeuginnenraumklimatisierung sowie einen dauerhaften Anteil für den Fahrzeugbetrieb bereitgestellt. Die getroffene Annahme zur Verfügbarkeit der genannten Informationen hat damit zur Folge, dass die PBS ausschließlich simulativ untersucht werden kann.

7.2 Umsetzung der PBS

Als Entwicklungsplattform der PBS dient ein Model-in-the-Loop Simulationsmodell, in dem die relevanten Betriebsstrategiefunktionen des zugrundeliegenden Versuchsträgers abgebildet sind. Dieser Softwarestand wird mit den nachfolgend erläuterten prädiktiven Funktionen erweitert, die aus der Anwendung der in den Analysen der Kapitel 5 und 6 gewonnenen Erkenntnisse hervorgehen. Die Längsdynamik des Versuchsträgers wird mit dem vorwärtsgerichtetem Simulationsmodell (siehe Kapitel 3.4) abgebildet.

7.2.1 Planung des SOC-Verlaufs über die Fahrstrecke

In gleichbleibenden Fahrsituationen führen möglichst geringe und damit gleichmäßige SOC-Gradienten zu hohen Kraftstoffeffizienzen. Wie die weitergehenden Untersuchungen im Kapitel 6 gezeigt haben, ergeben sich für einen ausgewählten SOC-Gradienten Kraftstoffbedarfe, die mit Ausnahme von Staufahrten und bei getrennter Betrachtung von Stadt- und Überlandfahrten weitestgehend unabhängig von dem weiteren Verkehrsaufkommen und der Verkehrsregelung sind. Bei einer entsprechenden Umsetzung ist zusätzlich die Abfolge der einzelnen Fahrsituationen der Fahrstrecke zu betrachten, damit ein Betreiben der HV-Batterie innerhalb der Betriebsgrenzen berücksichtigt und sichergestellt werden kann. Demzufolge ist für das Erreichen einer hohen Kraftstoffeffizienz mit lokal emissionsfreier Fahrt eine Umsetzung der PBS zielführend, die den Verlauf des SOC über die Fahrstrecke vor Fahrtbeginn plant und diesem während der Fahrt durch einen entsprechenden

Fahrzeugbetrieb folgt. Die Planung eines solchen SOC-Verlaufs wird im Folgenden anhand der Abbildung 7.1 schrittweise beschrieben.

1. Bestimmung der rein elektrisch zu fahrenden Zonen auf Basis der plausibilisierten zulässigen Höchstgeschwindigkeiten sowie der gesetzten Zonen

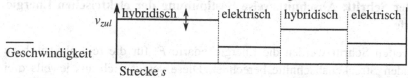

2. Abschnittsweise Bestimmung der elektrischen Energiebedarfe auf Basis der Steigungen, der zulässigen Geschwindigkeiten, der aktuell durchschnittlich gefahrenen Geschwindigkeiten sowie der Nebenverbraucherlast

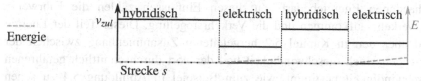

3. Bestimmung der SOC-Trajektorie: Einteilung der Strecke nach der Eignung zum Laden bzw. Entladen und Berechnung des Lade- bzw. Entladegradienten

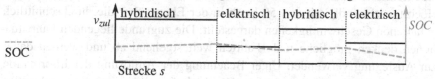

Abbildung 7.1: In der PBS umgesetzte Schritte zur Planung des SOC-Verlaufs über die Fahrstrecke

Erster Schritt: Bestimmung der rein elektrisch zu fahrenden Zonen

Die Umsetzung der PBS sieht vor, dass der Fahrer vor Fahrtantritt Zonen rein elektrischer Fahrt setzen kann. Anhand dieser möglicherweise gesetzten Zonen sowie mit der Information über die vorausliegenden zulässigen Höchstgeschwindigkeiten wird die geplante Fahrstrecke in Abschnitte eingeteilt, die entweder hybridisch oder rein elektrisch gefahren werden sollen. Entsprechend der Zielsetzung zur Reduzierung der Emissionen in bewohnten Gebieten sind die Stadtfahrten mit den niedrigen zulässigen Höchstgeschwindigkeiten in der Abbildung 7.1 als elektrisch zu fahrende Abschnitte gekennzeichnet. Die Abschnitte mit den hohen zulässigen Höchstgeschwindigkeiten werden zum kraftstoffeffizienten Konditionieren der HV-Batterie eingeplant.

Zweiter Schritt: Abschnittsweise Bestimmung der elektrischen Energiebedarfe

Im zweiten Schritt werden die Energiebedarfe E_i für die rein elektrisch zu fahrenden Streckenabschnitte berechnet. Diese setzen sich aus jeweils drei Teilen zusammen:

$$E_i = E_{dyn,i} + E_{steig,i} + E_{NV,i} \hspace{3cm} \text{Gl. 7.1}$$

$E_{dyn,i}$ umfasst den aufgrund der dynamischen Einflüsse einer Fahrsituation vorhandenen Energiebedarf. Zu diesen Einflüssen zählen die Fahrweise, das Verkehrsaufkommen und die Verkehrsregelung. Dieser Teil der Energie wird über den in Kapitel 5.2 hergeleiteten Zusammenhang zwischen der zulässigen Höchstgeschwindigkeit und der dort durchschnittlich gefahrenen Geschwindigkeit bestimmt, wie zum Beispiel in Abbildung 5.4 zu sehen ist. Darin sind die streckenbezogenen elektrischen Energiebedarfe für das rein elektrische Fahren in verschiedenen Fahrsituationen mit einer zulässigen Höchstgeschwindigkeit von 50 km/h in der Ebene über die durchschnittlich gefahrenen Geschwindigkeiten dargestellt. Die zugrunde liegenden Fahrsituationen decken mögliche reale Fahrten weitestgehend ab und werden daher zur Auslegung verwendet. Unter Beachtung der Auflösung der Information über die durchschnittlich gefahrene Geschwindigkeit können die zugehörigen Bereiche der jeweiligen Energiebedarfe bestimmt werden. Da die Zielsetzung ist, nur dann rein elektrisch zu fahren, wenn dies auch durchgehend in der jeweiligen Zone möglich ist, werden zur Berechnung jeweils die maximalen Energiebedarfe der Bereiche verwendet. Damit ergibt sich der Energiebedarf $E_{dyn,i}$ durch das Produkt aus dem ausgelesenen, streckenbezogenen Energiebedarf $e_{dyn,i}$ und der Fahrstrecke des Abschnitts s_i:

$$E_{dyn,i} = e_{dyn,i} \cdot s_i \hspace{3cm} \text{Gl. 7.2}$$

Die zuvor beschriebene Auslegung zur Sicherstellung der rein elektrischen Fahrt hat allerdings zur Folge, dass in vielen Fällen der Energiebedarf überschätzt wird. Auf diesen Zusammenhang wird in der nachfolgenden Bewertung der PBS genauer eingegangen.

Der durch die Topologie der Fahrstrecke bedingte, weitere Anteil des elektrischen Energiebedarfs $E_{steig,i}$ wird mit Anwendung der in Kapitel 5.2.2 erläuterten Zusammenhänge bestimmt. Basierend auf den in Abbildung 5.7 dargestellten linearen Zusammenhängen zwischen der Steigung und dem elektrischen Energiebedarf wird der streckenbezogene, steigungsabhängige Energiebedarf $e_{steig,i}$ bestimmt. Damit ergibt sich der steigungsabhängige Energiebedarf $E_{steig,i}$ aus dem Produkt von $e_{steig,i}$ mit der Streckenlänge des betrachteten Streckenabschnitts s_i.

$$E_{steig,i} = e_{steig,i} \cdot s_i \qquad \text{Gl. 7.3}$$

Als letzter Teil des elektrischen Energiebedarfs wird der Nebenverbraucherbedarf $E_{NV,i}$ benötigt. Wie zuvor in Kapitel 7.1 erläutert, ist der Energiebedarf für die initiale Kühl- oder Heizphase zur Fahrzeuginnenraumklimatisierung $E_{NV,dyn}$ sowie die dauerhafte Nebenverbraucherlast für den Fahrzeugbetrieb $P_{NV,stat}$ bekannt. Zur Bestimmung des statischen Energiebedarfs $E_{NV,stat,i}$ einer Fahrsituation werden die Durchfahrtszeiten für die jeweiligen Streckenabschnitte über die einzelnen Streckenlängen s_i sowie die einzelnen durchschnittlich dort gefahrenen Geschwindigkeiten $v_{durch,i}$ berechnet. Dazu werden die minimalen Durchschnittsgeschwindigkeiten einer jeden Stufe dieser Information verwendet, um auch hier die Sicherheit zu haben, ausreichend Energie für ein rein elektrisches Fahren bereitstellen zu können. Die statische Nebenverbraucherlast ist in allen Fahrsituationen vorhanden. Die dynamische Nebenverbraucherlast wird vereinfachend nur dann betrachtet, wenn die erste Fahrsituation der Fahrt rein elektrisch gefahren werden soll. Damit ergibt sich der Nebenverbraucherbedarf einer Fahrsituation wie folgt:

$$E_{NV,i} = \begin{cases} \frac{s_i \cdot P_{NV,stat}}{v_{durch}} + E_{NV,dyn}, & i = 1 \\[2mm] \frac{s_i \cdot P_{NV,stat}}{v_{durch,i}}, & i > 1 \end{cases} \qquad \text{Gl. 7.4}$$

Aufgrund der Auflösung der Information über die zulässigen Höchstgeschwindigkeiten sowie der sicheren Auslegung wird auch hier der benötigte Energiebedarf in vielen Fällen leicht überschätzt.

Dritter Schritt: Bestimmung des SOC-Verlaufs

Auf Basis der zuvor genannten Berechnungen wird im dritten Schritt der Verlauf des SOC bestimmt, wie im unteren Diagramm der Abbildung 7.1 veranschaulicht ist. Dafür wird der elektrische Energiebedarf der gesamten Fahrt aufsummiert. Mit diesem Energiebedarf und in Abhängigkeit des SOC zu Beginn der Fahrt sowie dem gewünschten SOC am Ende der Fahrt wird entschieden, wie das Fahrzeug in den Überlandfahrten betrieben werden soll. Falls ausreichend elektrische Energie für das geplante lokal emissionsfreie Fahren vorhanden ist und ebenfalls der gewünschte SOC am Ende der Fahrt eingehalten werden kann, wird die darüber hinaus verfügbare Energie für eine hohe Kraftstoffeffizienz in der Überlandfahrt mit einem konstanten Gradienten eingesetzt. Der Gradient bestimmt sich auf Basis der SOC-Differenz und der vorhandenen Überlandstrecke.

Im anderen Fall bei nicht ausreichender elektrischer Energie wird mit einem möglichst konstanten Gradienten geplant, dass die benötigte Energie in der Überlandfahrt bereitgestellt wird. Der Gradient wird dabei auf einen maximalen Wert begrenzt, um ein zu hohes und damit ineffizientes Laden zu verhindern. Mit dieser Begrenzung wird auch bei möglichen fehlerhaften Vorhersagen eine hohen Kraftstoffeffizienz sichergestellt. Eine Anpassung des Gradienten bis zu diesem Maximum wird durchgeführt, falls in der aktuellen Überlandfahrt nicht ausreichend elektrische Energie bis zur Einfahrt in die nächste lokal emissionsfreie Zone zur Verfügung gestellt werden kann. Falls dieses auch nicht ausreichend sollte, kann zur Gewährleistung einer hohen Kraftstoffeffizienz eine rein elektrische Fahrt nur mittels eines externen Nachladens der HV-Batterie ermöglicht werden.

Weiterhin wird bei einer aktuellen Stadtfahrt mit anschließender Überlandfahrt ein leicht tieferes Entladen der HV-Batterie ermöglicht, wenn sichergestellt ist, dass die Überlandfahrt zum anschließenden Ladungsausgleich ausreichend lang ist. Basierend auf den zuvor genannten Zusammenhängen wird der Verlauf des Ladezustands über der Fahrstrecke geplant.

7.2.2 Betriebsstrategieentscheidung zur Nachführung des geplanten SOC-Verlaufs

Während der Fahrt wird in einer nachgelagerten Funktion die Lastaufteilung zwischen der EM und dem VM festgelegt. Die Entscheidung wird auf Grundlage des geplanten SOC-Verlaufs sowie der geplanten Forderung nach rein elektrischer Fahrt getroffen. Mit der seit der Planung zurückgelegten Strecke wird für die aktuelle Fahrzeugposition überprüft, ob die Forderung nach rein elektrischer Fahrt vorliegt. Falls dies zutrifft und der SOC der HV-Batterie ausreichend hoch ist, wird das Fahrzeug rein elektrisch betrieben. In den anderen Fällen wird die Lastaufteilung anhand des Unterschieds zwischen dem geplanten und dem aktuellen SOC der HV-Batterie festgelegt, wie in der Abbildung 7.2 veranschaulicht ist. Basierend auf dem Unter-

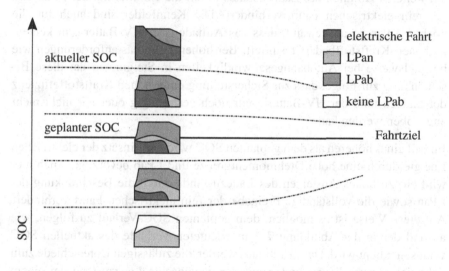

Abbildung 7.2: Nachführung des geplanten SOC-Verlaufs durch Anpassen der Betriebsstrategie

schied werden verschieden hohe kraftstoffeffiziente Drehmomentgrenzen für die elektrische Fahrt sowie die dazugehörige kraftstoffeffiziente LPV aus Kennfeldern aufgerufen. Liegt die Fahranforderung unterhalb der jeweiligen Drehmomentgrenze, wird das Fahrzeug elektrisch betrieben. Bei darüber liegenden Fahranforderungen wird die HV-Batterie zur Darstellung eines kraftstoffeffizienten Hybridbetriebs je nach dem sich ergebenden Betriebspunkt und der SOC-Differenz geladen oder entladen. Falls die aus dem jeweiligen Betrieb resultierende Änderung des SOC der Änderung des geplanten SOC entspricht, bleibt der Unterschied zwischen dem geplanten und dem aktuellen SOC gleich und es werden wieder die selben Kennfelder aufgerufen. Bei einem Abfallen des SOC werden Kennfelder verwendet, die zum einen eine niedrigere Drehmomentgrenze und zum anderen mehr LPan und weniger LPab aufweisen, wie ebenfalls in der Abbildung 7.2 zu sehen ist. Dies führt bei gleichbleibenden Fahranforderungen zu einem Anheben des Ladezustands der HV-Batterie und damit zu einer Abnahme des Unterschieds zwischen dem aktuellen und dem geplanten SOC. Sollten die folgenden Fahranforderungen jedoch hauptsächlich in hohen oder niedrigen Betriebsbereichen liegen, wird ein weiteres Abfallen des Ladezustands durch die Limitierung der LPab und der rein elektrischen Fahrt verhindert. Die Kennfelder sind auch für die höchste LPan so ausgewählt, dass das Aufladen der HV-Batterie in keinem zu hohen Kraftstoffbedarf resultiert. Bei hohen Grundlastanforderungen wie beispielsweise bei Autobahngeschwindigkeiten in Steigungen hat diese Beschränkung zur Folge, dass zur Sicherstellung einer hohen Kraftstoffeffizienz der Ladezustand der HV-Batterie nur noch geringfügig oder gar nicht mehr angehoben werden kann.

Im Fall eines höheren als dem geplanten SOC wird der Einsatz der elektrischen Energie durch eine hohe Drehmomentgrenze und LPab bevorzugt. Auch hier wird ein zu hohes Ansteigen des Ladezustands durch die Beschränkung der LPan sowie die vollständige Freigabe der rein elektrischen Fahrt verhindert. Auf diese Weise ist es möglich, dem geplanten SOC-Verlauf zu folgen, wie anhand der in der Abbildung 7.2 angedeuteten Verläufe des aktuellen SOC veranschaulicht wird. Darüber hinaus werden die zulässigen Unterschiede zum Fahrtziel hin verkleinert und damit der gewünschte Ladezustand bei einem abschließenden Hybridbetrieb mit einer gesteigerten Genauigkeit erreicht.

Entsprechend der weiteren Antriebsstrangsteuerung des Versuchsträgers wird die zuvor erläuterte Funktion zeitlich gesteuert aufgerufen. Darüber hinaus wird von dieser Funktion die Neuberechnung des SOC-Verlaufs aufgrund der nachfolgenden genannten Ereignisse während der Fahrt angestoßen:

1. Bei einer Änderung der Fahrtroute.

2. Bei Änderungen des Verkehrsaufkommens.

3. Bei der Erkennung eines Unterschieds zwischen der vorhergesagten und der tatsächlich zulässigen Höchstgeschwindigkeit.

4. Bei dem Erreichen des geringsten, erlaubten SOC in einer rein elektrisch gefahrenen Zone.

5. Falls nach einer Gefällefahrt der SOC deutlich höher als der geplante ist.

Durch das Reagieren auf die zuvor genannten Ereignisse mit einer Neuberechnung der Ladezustandsplanung wird es weiterhin ermöglicht, die gewünschten Zielsetzungen mit der PBS zu erreichen.

7.3 Vergleich und Bewertung der PBS

Im Folgenden wird die zuvor erläuterte PBS mit dem Serienstand ohne Prädiktion (kausale Basis-Betriebsstrategie (BBS)) hinsichtlich verschiedener, nachfolgend definierter Kriterien verglichen und bewertet. Für die Analysen wird das vorwärtsgerichtete Längsdynamiksimulationsmodell (siehe Kapitel 3.4) verwendet.

Da beim Vergleich von zwei Betriebsstrategien in vielen Fällen der SOC am Ende der Fahrt Unterschiede aufweist, ist die alleinige Bewertung anhand des Kraftstoffbedarfs nicht ausreichend. Aus diesem Grund wird ebenfalls die Abweichung vom gewünschten SOC bei Fahrtende betrachtet. Es ist sicherzustellen, dass diese nicht deutlich zu hoch liegt. Bei geringfügigen Abweichungen vom gewünschten SOC lassen sich die Kraftstoffbedarfe mit einem Umrechnungsfaktor zur Vergleichbarkeit korrigieren. Der hier verwendete Umrechnungsfaktor von 245 g/kWh geht auf den kraftstoffeffizienten Betrieb für verschiedene Realfahrten zurück und wird im Folgenden zur Korrektur verwendet.

Zur weiteren Bewertung der PBS wird ebenfalls die Erreichung der Zielsetzung der lokal emissionsfreien Fahrt in innerstädtischen Fahrsituationen herangezogen. Als zusätzliches Kriterium wird die Anzahl an VM-Starts betrachtet, da geringe Anzahlen unter anderem dem Fahrkomfort zuträglich sind.

7.3.1 Vorgehensweise

Als erstes wird im folgenden Kapitel 7.3.2 der sich aus einer Verwendung der prädiktiven Informationen über Staufahrten ergebende Mehrwert für die PBS zum Erfüllen der Zielsetzungen detailliert analysiert. Daran anschließend wird in Kapitel 7.3.3 eine Vielzahl an verschiedenen Fahrten betrachtet. Die Fahrten werden so ausgewählt, dass diese jeweils aus einer Stadt- und einer Überlandfahrt bestehen und damit ein Potenzial für vorausschauende Betriebsstrategien aufweisen. Für diese Fahrten werden sowohl die BBS als auch die PBS berechnet und anschließend verglichen.

7.3.2 Mehrwert der prädiktiven Information über Stau in außerstädtischen Fahrsituationen

Zur Analyse des Mehrwerts dieser prädiktiven Information werden zwei Fahrten ausgewählt, an deren Ende in beiden Fällen eine ungefähr 4 km lange innerstädtische Fahrsituation mit einer zulässigen Höchstgeschwindigkeit von 50 km/h liegt. Diese Fahrsituation weist eine geringe Beeinflussung durch die Verkehrsregelung und das Verkehrsaufkommen auf und soll mit der PBS lokal emissionsfrei gefahren werden. Die davor liegenden Überlandfahrten unterscheiden sich grundlegend. In dem einen Fall wird eine durch die Verkehrsregelung und das Verkehrsaufkommen stärker beeinflusste, 28 km lange Fahrsituation mit einer zulässigen Höchstgeschwindigkeit von 70 km/h ausgewählt. Diese Fahrsituation weist viele Beschleunigungen sowie Bereiche mit niedriger Geschwindigkeit auf. Im Gegensatz dazu ist die andere betrachtete, ungefähr 55 km lange Fahrsituation deutlich weniger beeinflusst und hat eine zulässige Höchstgeschwindigkeit von 130 km/h. In diese Überlandfahrten werden zur Analyse Staufahrten mit unterschiedlich hohen Anforderungsleistungen und Streckenlängen eingefügt. Verwendet werden dazu die beiden in Abbildung 7.3 dargestellten Ausschnitte von Realfahrtmessungen. Die erste Staufahrt weist mit 20,7 km/h eine deutlich höhere durchschnittliche Geschwindigkeit auf als die zweite Staufahrt mit durchschnittlich 6,2 km/h. Die verschiedenen, in den Analysen betrachteten Längen der Staufahrten werden über Teilausschnitte beziehungsweise mehrfaches Einfügen dieser Geschwindigkeitsverläufe dargestellt. Weiterhin werden jeweils ein hoher und ein niedriger SOC zu Beginn der Fahrt als Randbedingung gesetzt. Zum Herausstellen der Unterschiede durch die zusätzliche Verwendung der prädiktiven

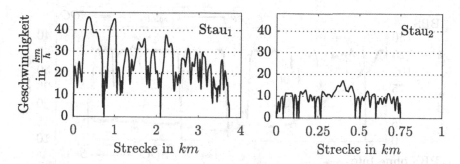

Abbildung 7.3: Die Geschwindigkeitsverläufe der beiden, nachfolgend betrachteten Staufahrten

Informationen über den Stau im Überlandbereich greift die PBS in dem einen Fall auf diese zu und in dem anderen Fall werden die Informationen nicht verwendet (PBS ohne Info). Zum weiteren Vergleich wird der nicht prädiktive Serienstand des Versuchsträgers verwendet (BBS). In einem ersten Schritt werden die sich für diese Fahrsituationen ergebenden Betriebsstrategien bei einem hohem SOC von 40 % zu Beginn der Fahrt untersucht.

Hoher SOC zu Beginn der Fahrt

Die drei betrachteten Betriebsstrategien sind für eine Fahrt in der folgenden Abbildung 7.4 veranschaulicht. Die Überlandfahrt besteht im dargestellten Fall aus der Fahrsituation mit einer zulässigen Höchstgeschwindigkeit von 130 km/h sowie der Staufahrt $Stau_1$. In den zugrunde liegenden Geschwindigkeitsverläufen sind die jeweils gewählten Betriebsmodi mit Graustufen dargestellt. Zusätzlich ist der SOC-Verlauf der HV-Batterie dargestellt. Wie das obere Diagramm zeigt, ist die gewählte Fahrt für die nicht prädiktive BBS ungünstig, da die verfügbare elektrische Energie vordergründig in den außerstädtischen Fahrsituationen eingesetzt wird. Im Fall der PBS wird dies durch die Kenntnis der prädiktiven Informationen und der damit möglichen Planung des SOC-Verlaufs vermieden, welcher in den beiden anderen Diagrammen mit SOC^* zusätzlich dargestellt ist. Der geplante SOC-Verlauf der PBS ohne Info zeichnet sich in der außerstädtischen Fahrsituation durch einen konstanten, negativen SOC-Gradienten aus. Die darüber hinausgehende, mögliche Steigerung der Effizienz wird durch die Verwendung der prädiktiven

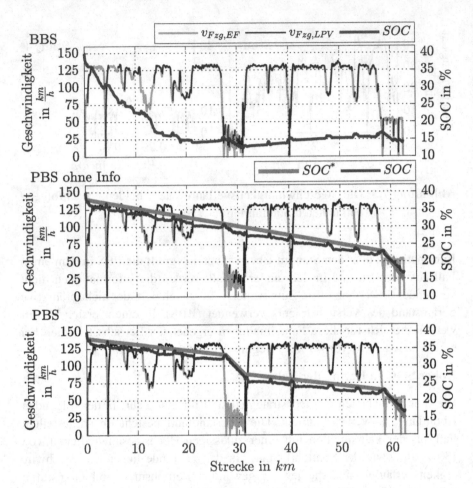

Abbildung 7.4: Die Geschwindigkeitsverläufe mit Kennzeichnung der Betriebsmodi sowie die SOC-Verläufe für die drei betrachteten Betriebsstrategien bei einem hohen SOC zu Beginn der Fahrt

Information über die Staufahrt mit der PBS gezeigt. Wie weiterhin in der Abbildung 7.4 zu erkennen ist, wird von beiden Versionen der PBS für die anschließende Stadtfahrt elektrische Energie vorgehalten, mit der beide eine rein elektrische Fahrt realisieren. Zur weiteren Analyse der Betriebsstrategien

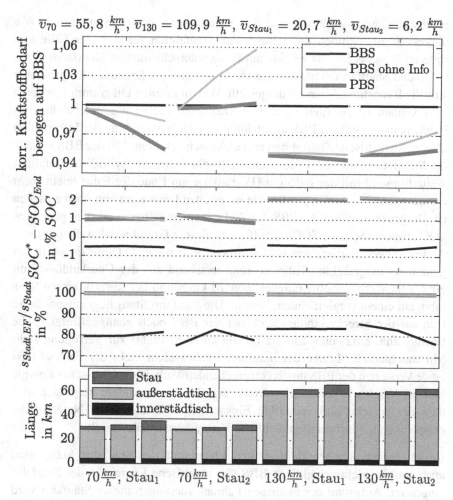

Abbildung 7.5: Darstellung der Bewertungskriterien für die PBS im Vergleich zur BBS bei einem hohen SOC zu Beginn der Fahrt

werden die zuvor genannten, primären Bewertungskriterien in Abbildung 7.5 betrachtet. Dort gibt das untere Diagramm nähere Informationen zu der Zusammensetzung der Fahrten hinsichtlich der Streckenanteile. Die zugehörige x-Achse beschreibt die außerstädtische Fahrsituation mit den zulässigen

Höchstgeschwindigkeiten sowie den jeweils verwendeten Staufahrten. Wie dargestellt ist, nehmen die Längen der Staufahrten für die vier Fälle von links nach rechts jeweils zu. Die auf diese unterschiedlichen Überlandfahrten folgenden Stadtfahrten bleiben gleich. In den darüber liegenden Diagrammen sind die Bewertungskriterien dargestellt. Wie im zweiten Diagramm von unten zu erkennen ist, werden in allen betrachteten Fällen die innerstädtischen Fahrsituationen mit der PBS unabhängig von der Verwendung der Information über außerstädtische Staufahrten rein elektrisch gefahren. Mit der BBS werden im Mittel ungefähr 20 % der innerstädtischen Strecke hybridisch gefahren. Weiterhin wird mit der BBS die HV-Batterie am Ende der Fahrt leicht mehr entladen ($SOC^* - SOC_{End} < 0$), wie im zweiten Diagramm von oben zu sehen ist. Hingegen wird mit der PBS das Ziel mit einem höheren als dem geplanten SOC erreicht ($SOC^* - SOC_{End} > 0$). Aus diesem Grund werden die um diese Abweichungen korrigierten Kraftstoffbedarfe betrachtet. Diese liegen in der ganz links dargestellten Fahrsituation, bestehend aus der Überlandfahrt mit einer zulässigen Geschwindigkeit von 70 km/h und der kurzen, ersten Staufahrt, auf einem vergleichbaren Niveau. Die Staufahrt Stau$_1$ liegt entsprechend früh auf der Strecke, sodass auch bei der BBS noch genügend elektrische Energie zum effizienten Einsatz für die kurze Staufahrt zur Verfügung steht. Mit zunehmender Länge der Staufahrt ist dies nicht mehr der Fall, so dass beide Versionen der PBS durch entsprechenden Vorhalt an elektrischer Energie hier im Vergleich Verbrauchsvorteile erzielen. Insbesondere zeigt sich hier, dass der gezielte und verstärkte Einsatz der PBS durch die Nutzung der entsprechenden Information deutliche Verbrauchsvorteile erzielt.

In den rechts daneben dargestellten Fällen mit der Staufahrt Stau$_2$ wird auch von der nicht prädiktiven BBS viel elektrische Energie in der Staufahrt eingesetzt. Aufgrund der niedrigen Fahranforderungen dieser Staufahrt wird die HV-Batterie hier deutlich tiefer entladen als in der ersten Staufahrt. Die dabei eingesetzte Energie wird in der anschließenden, verbleibenden Überlandfahrt sowie der folgenden Stadtfahrt mittels LPan wieder nachgeladen. Der entsprechende Vorhalt dieses Energiebedarfs durch die PBS ergibt einen Effizienzvorteil. Dieser wird jedoch durch die geringfügig ineffiziente lokal emissionsfreie Stadtfahrt ausgeglichen und ist damit nicht in dem korrigierten Kraftstoffbedarfen ersichtlich. Die PBS ohne Info über die Staufahrt führt in diesem Fall zu deutlich höheren Kraftstoffbedarfen, da die Betriebsstrategie es nicht zulässt, dass der SOC hier deutlich vom geplanten Verlauf abweicht. Wie mit der BBS gezeigt, ist es auch ohne prädiktive Informationen über außerstädtische Staufahrten kraftstoffeffizient, bei entsprechend niedrigen Lastanforderungen Abweichungen vom geplanten Verlauf zuzulassen und vermehrt elektrische Energie einzusetzen. Falls jedoch die primäre Zielsetzung der Betriebsstrategie lokal emissionsfreies Fahren in Städten ist, ist dabei sicherzustellen, dass ausreichend elektrische Energie bei Einfahrt in die Stadt zur Verfügung steht.

Die zuvor dargestellten Zusammenhänge zeigen sich auch in den weiteren betrachteten Fahrten mit den außerorts zulässigen Höchstgeschwindigkeiten von 130 km/h. Bezogen auf den Verbrauch der BBS nimmt für beide Versionen der PBS der Kraftstoffbedarf in den Fahrten mit der Staufahrt $Stau_1$ mit zunehmender Staulänge ab, wobei mit der Verwendung der prädiktiven Information weitere Effizienzvorteile erzielt werden. Im Vergleich dazu wird der Verlauf des Kraftstoffbedarfs über die Staulänge der BBS bei den Fahrten mit der Staufahrt $Stau_2$ nur von der PBS mit der Verwendung der Information erreicht. Auch hier liegt der Grund in dem deutlich stärkeren Entladen der HV-Batterie durch die BBS in der zweiten Staufahrt im Vergleich zur Ersten. Insgesamt ergeben sich für alle hier betrachteten Fahrten mit der PBS Verbrauchsvorteile gegenüber der BBS. Mit der Verwendung der prädiktiven Information durch die PBS werden um die SOC-Differenzen am Ende der Fahrt korrigierte Kraftstoffersparnisse von bis zu 5 % erzielt.

Niedriger SOC zu Beginn der Fahrt

Ausgehend von einem niedrigen SOC zu Beginn der Fahrt muss die PBS die elektrische Energie zum lokal emissionsfreien innerstädtischen Fahren sowie für den effizienten Einsatz in der Staufahrt mittels LPan in den anderen Fahrsituationen bereitstellen. Wie die Abbildung 7.6 dazu zeigt, ist dies in den betrachteten Fahrten mit zulässigen Höchstgeschwindigkeiten von 130 km/h im Überlandbereich kraftstoffeffizient möglich. In den deutlich kürzeren Überlandfahrten mit zulässigen Höchstgeschwindigkeiten von 70 km/h ist ein ausreichendes, effizientes Nachladepotenzial nur in den Fällen mit der kurzen Staufahrt $Stau_1$ sowie der kurzen und mittleren Staufahrt $Stau_2$ gegeben. In den anderen Fälle steht entsprechend weniger elektrische Energie für den Einsatz in der Staufahrt zur Verfügung. Dies ist auch der Grund dafür, dass der

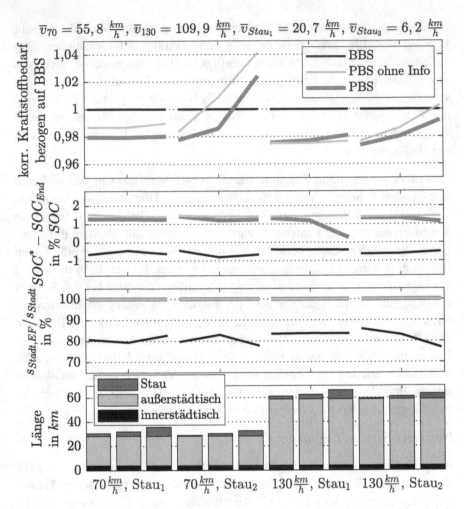

Abbildung 7.6: Darstellung der Bewertungskriterien für die PBS im Vergleich zur BBS bei einem geringen SOC zu Beginn der Fahrt

Kraftstoffbedarf der PBS im Fall Staufahrt $Stau_2$ im Vergleich zur BBS einen Knick im Verlauf über die Staulänge aufweist und bei der langen Staufahrt deutlich höher liegt. In diesem Fall zeigt sich der Zielkonflikt, dass die elektrische Energie zum lokal emissionsfreiem Fahren in der Stadt eingesetzt wird und nicht zur Steigerung der Effizienz verstärkt in der Staufahrt. Eine entsprechende Priorisierung ist demnach in der Auslegung zu berücksichtigen.

Bis auf diesen Fall ist der korrigierte Kraftstoffbedarf der PBS mit Verwendung der Information auch mit lokal emissionsfreier Fahrt in der Stadt geringer als der Bedarf der BBS. Weiterhin fällt auf, dass die um Stauinformationen erweiterte Betriebsstrategie fast durchgehend effizienter ist. Eine geringfügige Abweichung davon zeigt sich in den Fahrten, in denen die Staufahrt $Stau_1$ in Überlandfahrten mit einer zulässigen Höchstgeschwindigkeit von 130 km/h liegt. Bei der langen Staufahrt zeigt sich zudem, dass an der bei der Auslegung der PBS festgesetzten effizienten Grenze im Überlandbereich nachgeladen wird, da die Abweichung des SOC am Ende der Fahrt nur leicht positiv ist. Eine Möglichkeit zur Effizienzsteigerung ist hier, einen geringeren Einsatz der elektrischen Energie in der Staufahrt $Stau_2$ einzuplanen. Dies bedeutet jedoch auch, dass dann entsprechende prädiktive Informationen verlässlich vorhanden sein müssen und der Kalibrierungsaufwand der Betriebsstrategie entsprechend steigt.

Zusammenfassend zeigt sich, dass die Verwendung der prädiktiven Information über Staufahrten in außerstädtischen Fahrsituationen die Kraftstoffeffizienz deutlich erhöht. Dabei ist jedoch sicherzustellen, dass die Information möglichst aktuell und auch genau ist.

7.3.3 Verschiedene Fahrten

Zur weiteren Bewertung der PBS werden verschiedene Fahrten betrachtet, die jeweils aus einer innerstädtischen und einer außerstädtischen Fahrsituation bestehen. Die Geschwindigkeitsverläufe der dazu verwendeten inner- und außerstädtischen Fahrsituationen sind im Anhang A.4 dargestellt. Für eine ganzheitliche Betrachtung werden die Fahrten aus diesen Geschwindigkeitsverläufen anhand der in der folgenden Abbildung 7.7 dargestellten Variation erstellt. Wie im ersten Teil der Abbildung 7.7 zu sehen ist, werden die Fahrsituationen mit zulässigen Höchstgeschwindigkeiten von 30 km/h mit denen mit 70 km/h sowie die mit 50 km/h mit denen mit 130 km/h kombiniert. Weiterhin werden je zulässiger Höchstgeschwindigkeit jeweils eine Fahrt mit geringer sowie eine mit hoher Beeinflussung durch das Verkehrsaufkommen und die Verkehrsregelung betrachtet. Wie im zweiten Teil der Abbildung 7.7

dargestellt ist, wird die Beeinflussung so variiert, dass mit den Fahrten alle möglichen Kombination aus geringer und hoher Beeinflussung untersucht werden. Zusätzlich zu den zuvor genannten Variationen wird die Reihenfolge

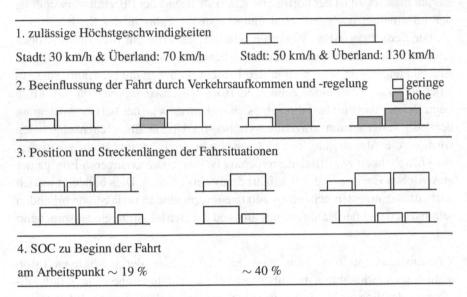

1. zulässige Höchstgeschwindigkeiten

Stadt: 30 km/h & Überland: 70 km/h   Stadt: 50 km/h & Überland: 130 km/h

2. Beeinflussung der Fahrt durch Verkehrsaufkommen und -regelung ☐ geringe ▨ hohe

3. Position und Streckenlängen der Fahrsituationen

4. SOC zu Beginn der Fahrt

am Arbeitspunkt ~ 19 %   ~ 40 %

Abbildung 7.7: Betrachtete Variationen zur Erstellung der Fahrten aus den einzelnen inner- und außerstädtischen Fahrsituationen

der inner- und der außerstädtischen Fahrsituationen verändert, sodass die Stadtfahrten zu gleichen Teilen am Anfang und am Ende der Fahrt liegen, wie im dritten Teil der Abbildung 7.7 zu sehen ist. Für die weitergehende Untersuchung zu verschieden starken Lade- und Entladegradienten werden darüber hinaus die Streckenlängen verdoppelt, siehe dazu den dritten Teil der Abbildung 7.7. Durch die zuvor genannten, ganzheitlichen Variationen der Fahrten werden die verschiedenen Ausprägungen zu gleichen Teilen analysiert. Durch die gleiche Verteilung wird keine der betrachteten Betriebsstrategien gegenüber der anderen bevorteilt. Zusammen entstehen aus den Variationen 48 einzelne Fahrten. Darüber hinaus wird der Ladezustand der HV-Batterie zu Beginn der Fahrt verändert. Zum einen werden die Betriebsstrategien ausgehend von einer mit ungefähr 40 % geladenen HV-Batterie berechnet und zum anderen ausgehend vom Arbeitspunkt bei ungefähr 19 %, siehe

vierten Teil der Abbildung 7.7. Die berechneten Betriebsstrategien für die
genannten Fahrten werden aufgeteilt nach den Ladezuständen zu Beginn der
Fahrt nachfolgend erläutert und bewertet.

Hoher SOC zu Beginn der Fahrt

Die zu Fahrtbeginn in der HV-Batterie verfügbare elektrische Energie kann
von der PBS durch die Kenntnis der vorausliegenden zulässigen Höchstgeschwindigkeiten gezielt zum innerstädtischen, lokal emissionsfreien Fahren
eingesetzt werden. Dies wird von der PBS in fast allen betrachteten Fahrten
erreicht, wie im unteren Diagramm der folgenden Abbildung 7.8 dargestellt
ist. Das Ziel wird nur in den Fällen nicht erreicht, wenn die innerstädtische
Fahrsituation eine hohe Beeinflussung, eine zulässige Höchstgeschwindigkeit
von 50 km/h sowie die doppelte Länge aufweist. In diesem Fall liegt der
vorausgesagte elektrische Energiebedarf zum rein elektrischen Durchfahren
dieser Fahrsituation über der verfügbaren elektrischen Energie. Damit ist eine
rein elektrische Fahrt nicht sichergestellt und die PBS betreibt das Fahrzeug in
der innerstädtischen Fahrsituation in einigen Abschnitten mit hohen Fahranforderungen hybridisch. Die verfügbare elektrische Energie bestimmt sich für die
betrachteten Variationen der Fahrten auf zwei Arten. Falls die Überlandfahrt
am Anfang der Fahrt liegt, ist die verfügbare Energie die Summe aus der
zum elektrischen Durchfahren der innerstädtischen Fahrsituation benötigten
Energie erweitert um den Anteil, der in der Überlandfahrt voraussichtlich geladen werden kann. Falls die Stadt anfänglich durchfahren wird, wird die zum
Durchfahren benötigte Energie um den Anteil erweitert, der dort leicht tiefer
entladen und in der anschließenden Überlandfahrt zum Ladungsausgleich auf
den gewünschten Ziel-SOC wieder bereitgestellt werden kann. Im zuletzt
genannten Fall mit der anfänglichen Stadtfahrt werden auch mit der BBS in
vielen Fahrten die innerstädtischen Fahrsituationen rein elektrisch gefahren.
Da dieser Fall jedoch nur in genau der Hälfte der Fahrten vorhanden ist,
werden insgesamt in leicht mehr als der Hälfte der Fahrten die innerstädtischen
Fahrsituationen hybridisch gefahren. Diesem Ergebnis gegenübergestellt führt
die PBS somit zu einer deutlichen Verbesserung der Zielsetzung nach lokal
emissionsfreiem Fahren.

Wie im zweiten Diagramm der Abbildung 7.8 zu sehen ist, weist die PBS
gegenüber der BBS in vielen Fällen über dem Arbeitspunkt liegende SOC am

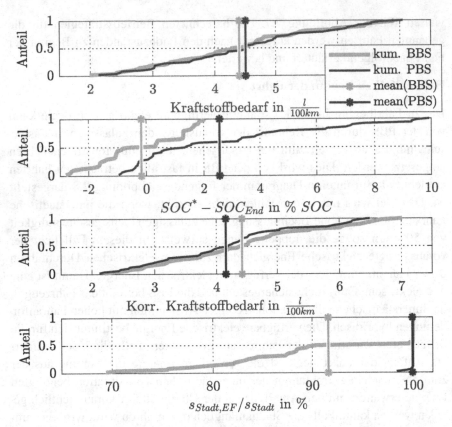

Abbildung 7.8: Kumulierte Verteilungsfunktionen der Bewertungskriterien zum Vergleich der BBS mit der PBS für die betrachteten Fahrten bei einem hohen SOC zu Beginn der Fahrt

Ende der Fahrt auf. Geringe Abweichungen zu dem geplanten Ziel-SOC sind das gewünschte und häufig erreichte Ziel. Die hohen Abweichungen sind auf die sichere Auslegung zur Energiebedarfsbestimmung zurückzuführen. Dies tritt dann ein, wenn die Fahrt zum Ende eine innerstädtische Fahrsituation der doppelten Länge und eine hohe Beeinflussung aufweist. Dann wird die Energie anhand der Auslegung auf die sichere Seite überschätzt und in der Fahrt nicht in dem abgeschätzten Umfang eingesetzt. In diesen Fällen wird das Ziel mit einem höheren SOC erreicht. Diese Abweichungen sind damit bei einer entsprechenden Sicherstellung der rein elektrischen Fahrt unvermeidbar. Die zuvor genannten Fahrten sind auch der Grund, dass im Mittel der im oberen Diagramm dargestellte Kraftstoffbedarf der PBS leicht höher ist als der der BBS. Mit der eingangs erwähnten Korrektur des Kraftstoffbedarfs um die SOC-Abweichung am Fahrtende dreht sich dieses Verhältnis um, wie im dritten Diagramm veranschaulicht ist. Der korrigierte Kraftstoffbedarf der PBS ist durchgehend geringer als der der BBS. Im Mittel werden für die untersuchten Fahrten mit der PBS durch den effizienten Hybridbetrieb sowie den effizienten Einsatz der elektrischen Energie 6,0 % an Kraftstoff eingespart.

Zusätzlich kann mit der PBS der Fahrkomfort gesteigert werden. Für die betrachteten Fahrten werden im Mittel die VM-Starts gegenüber der BBS um 22,3 % reduziert, siehe Tabelle 7.1.

Tabelle 7.1: Mittlere Anzahl an VM-Starts bei hohem SOC zu Fahrtbeginn

	BBS	PBS
Mittlere Anzahl VM-Starts	33,7	26,2

Niedriger SOC zu Beginn der Fahrt

Ausgehend von einem niedrigen SOC zu Fahrbeginn ermöglicht die PBS ebenfalls eine deutliche Steigerung der elektrisch gefahrenen innerstädtischen Fahrsituationen, wie im unteren Diagramm der Abbildung 7.9 veranschaulicht ist. Zwar werden mit der PBS unter diesen Randbedingungen nur wenige innerstädtische Fahrsituationen rein elektrisch gefahren, allerdings wird der durchschnittlich gefahrene Anteil gegenüber der BBS von 83 % auf 91 % deutlich gesteigert. Insbesondere tragen dazu die Fahrten beginnend mit einer Überlandfahrt bei, in denen diese Abschnitte zum Anheben des Ladezustands der HV-Batterie genutzt werden. Die sich daraus maximal ergebende Energie reicht jedoch nur in wenigen Fällen aus, um die mindestens 4 km langen Stadtfahrten rein elektrisch fahren zu können.

Die Fahrten ohne eine ausreichende Bereitstellung der elektrischen Energie zeigen darüber hinaus, dass auch der Betrieb mit der maximal parametrierten LPan zu keiner deutlichen Erhöhung des Kraftstoffbedarfs führt, wie im oberen

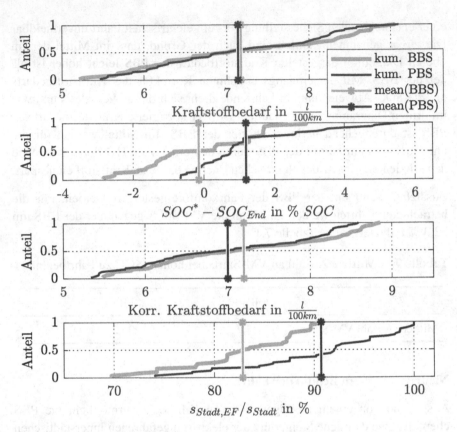

Abbildung 7.9: Kumulierte Verteilungsfunktionen der Bewertungskriterien zum Vergleich der BBS mit der PBS für die betrachteten Fahrten bei einem niedrigen SOC zu Beginn der Fahrt

Diagramm der Abbildung 7.9 zu sehen ist. Im Schnitt liegt der unkorrigierte Kraftstoffbedarf der PBS unter dem der BBS. Allerdings ist zu sehen, dass in den Bereichen der geringen Kraftstoffbedarfe die BBS im Vergleich zur PBS weniger verbraucht. Der in diesen Fällen vorhandene Mehrverbrauch der PBS ist mit den SOC-Abweichungen zum Ende der Fahrt in dem darunter dargestellten Diagramm zu erklären. In diesen Fällen führt der Betrieb mit der BBS zu deutlich tieferen Ladezuständen am Fahrtende als es beim Betrieb mit der PBS der Fall ist. Dies tritt vor allem in den Fällen auf, in denen die innerstädtische Fahrsituation am Ende der Fahrt liegt und diese eine geringe Beeinflussung aufweist. Hier setzt die BBS vermehrt elektrische Energie zur Effizienzsteigerung ein, auch wenn die HV-Batterie damit tiefer entladen wird. Durch eine entsprechende Planung kann die PBS in diesen Fällen auf mehr elektrische Energie zugreifen und erreicht das Ziel mit höheren Ladezuständen. Teilweise liegen diese jedoch deutlich höher, da es auch hier insbesondere in den Fahrten mit einer stark beeinflussten Stadtfahrt zu einer Überschätzung des elektrischen Energiebedarfs kommt. Die um diese SOC-Abweichungen korrigierten Kraftstoffbedarfe der PBS liegen durchgehend unter denen der BBS, wie im dritten Diagramm der Abbildung 7.9 veranschaulicht ist. Besonders die Fahrten im Bereich der höheren Kraftstoffbedarfe zeigen durch den effizienten Hybridbetrieb sowie den effizienten Einsatz der elektrischen Energie Vorteile gegenüber dem Betrieb mit der BBS. Im Schnitt bedarf die PBS für die Fahrten 2,7 % weniger Kraftstoff als die BBS.

Damit zeigt sich insgesamt, dass die gewünschten Zielsetzungen auch unter der Randbedingung eines niedrigen SOC zu Beginn der Fahrt durch die PBS ermöglicht werden. Ausschlaggebend für die Zielerreichung der innerstädtisch, lokal emissionsfreien Fahrt ist vor allem das Streckenverhältnis zwischen Überland- und Stadtfahrt. Bei einem hohen Verhältnis kann effizient eine rein elektrische Fahrt ermöglicht werden. Hingegen ist bei einem geringen Verhältnis keine rein elektrische Fahrt möglich, jedoch führt auch hier der erhöhte Einsatz elektrischer Energie im Stadtbereich zu Effizienzvorteilen.

Darüber hinaus kann die Anzahl an VM-Starts besonders durch die vermehrte elektrische Fahrt der PBS im Stadtbereich gegenüber der BBS um 28,3 % deutlich reduziert werden, wie in Tabelle 7.2 dargestellt ist.

Tabelle 7.2: Mittlere Anzahl an VM-Starts bei niedrigem SOC zu Fahrtbeginn

	BBS	PBS
Mittlere Anzahl VM-Starts	61,8	44,3

7.3.4 Schlussfolgerung zur PBS

Auf Basis der in Kapitel 5 und 6 hergeleiteten Zusammenhänge zur Vorhersage des elektrischen Energiebedarfs sowie zum kraftstoffeffizienten Konditionieren des Ladezustands der HV-Batterie wurde die PBS umgesetzt. Zur Erfüllung der gewünschten Zielsetzungen hinsichtlich lokal emissionsfreier Fahrt in Kombination mit einer hohen Kraftstoffeffizienz plant die PBS den Ladezustand der HV-Batterie über die vorausliegende Fahrstrecke.

Insbesondere werden die prädiktiven Informationen über die zulässigen Höchstgeschwindigkeiten sowie die durchschnittlich gefahrenen Geschwindigkeiten benötigt. Zum einen sind diese Informationen für die Überlandfahrten erforderlich, da in diesen Fahrsituationen wie in Kapitel 7.3.2 gezeigt wurde, der Einsatz von elektrischer Energie in Staufahrten die Kraftstoffeffizienz merklich erhöht. Zum anderen wird auf Basis dieser Informationen der für innerstädtisches, lokal emissionsfreies Fahren benötigte elektrische Energiebedarf vorhergesagt. Da die Information über die zulässige Höchstgeschwindigkeit aufgrund vorhandener Unwägbarkeiten in der Vorhersage nur eine gewisse Genauigkeit aufweist, wird zum Sicherstellen der lokal emissionsfreien Stadtfahrt der Energiebedarf in vielen Fällen bewusst überschätzt. Daraus resultieren höhere als die geplanten Ladezustände der HV-Batterie am Ende der jeweiligen innerstädtischen Zonen. Insbesondere sind die Abweichungen dann hoch, wenn eine lange innerstädtische Fahrsituation mit einer hohen Beeinflussung durch die Verkehrsregelung und das Verkehrsaufkommen vorliegt. Falls diese zu Beginn der Fahrt liegt, wird der Energieüberschuss effizient mit einer Neuberechnung der Ladezustandsplanung eingesetzt. Im anderen Fall der innerstädtischen Fahrsituation am Ende der Fahrt wird das Ziel mit einem höheren als dem geplanten SOC erreicht. Dies ist dann nachteilig für den Kraftstoffbedarf, wenn am Ziel das Fahrzeug extern geladen werden soll. Diese Abweichungen sind jedoch unausweichlich für ein Sicherstellen der rein elektrischen Fahrt in der innerstädtischen Fahrsituation. Wie mit den berechneten Betriebsweisen der PBS gezeigt wurde, führen diese Abweichungen nicht zu einer deutlichen Steigerung des Kraftstoffbedarfs. Zusätzlich sind die Auswirkungen nur bei einer langen Stadtfahrt mit einer hohen Beeinflussung am Ende der Fahrt deutlich, wenn zusätzlich der SOC zu Beginn der Fahrt unter Beachtung des Verhältnis zwischen inner- und außerstädtischer Fahrsituationen in einem gewissen Bereich liegt. Damit ist ein Großteil der Fahrten gar nicht beziehungsweise nur geringfügig von diesem Zielkonflikt betroffen.

Die angesprochenen Fälle zeigen darüber hinaus, dass auch mögliche fehlerhafte Vorhersagen von beispielsweise nicht vorhandenen Stadtfahrten zu keinem deutlich schlechteren Kraftstoffbedarfen führen. Auf das Erkennen der fehlerhaften Stadtfahrt reagiert die PBS mit einer Neuberechnung der Ladezustandsplanung, die einen gleichmäßigen Abbau des Ladezustands in der dann vorhandenen Überlandfahrt vorsieht und damit die Auswirkungen auf den Kraftstoffbedarf gering hält. Damit würden sich Kraftstoffbedarfe ergeben, die unterhalb der in Abbildung 7.9 gezeigten Bedarfe liegen.

Zusammenfassend erreicht die PBS durch die Verwendung der zuvor genannten prädiktiven Informationen einen im Vergleich zur BBS kraftstoffeffizienten und lokal emissionsfreien Betrieb. Mit dem Erfüllen der gewünschten Zielsetzungen wird damit zudem die Gültigkeit der zuvor hergeleiteten und bei der Auslegung der PBS verwendeten Zusammenhänge bestätigt.

8 Zusammenfassung und Ausblick

Das Ziel der Arbeit war mit der Nutzung von Informationen über die vorausliegende Fahrstrecke bei PHEVs den Kraftstoffbedarf reduzieren und zeitgleich lokal emissionsfreies Fahren in bewohnten Gebieten realisieren. Die zum Erreichen dieser Ziele entscheidenden Zusammenhänge wurden in Kapitel 5 und in Kapitel 6 hergeleitet. Dazu wurde eine Simulationsumgebung aufgebaut, die aus der Verkehrssimulation SUMO und Längsdynamiksimulationsmodellen vom Hybridantriebsstrang des Versuchsträgers besteht. Innerhalb der Verkehrssimulation wurden auf Basis veränderbarer Straßennetze die Anzahl an Fahrzeugen, die jeweiligen Fahrweisen sowie die Verkehrsregelung parametriert und der Verkehr simuliert. Für die realitätsnahe Abbildung von Fahrweisen wurde das PBDM entwickelt, in dem gemessenes Fahrverhalten kennfeldbasiert hinterlegt ist. Das Modell gibt in der Verkehrssimulation das Fahrverhalten in entsprechenden Fahrsituationen mit einer hohen Abbildungsgüte wieder. Darüber hinaus zeichnet sich das PBDM durch eine hohe Nachvollziehbarkeit, eine hohe Abbildungsgüte und einen geringen Kalibrierungsaufwand aus. Es löst damit diesen bislang bestehenden Interessenskonflikt anderer Fahrermodelle.

Durch den Mitschrieb der Geschwindigkeitsverläufe einzelner, auf dem PBDM beruhender Fahrer-Fahrzeug-Einheiten in der Verkehrssimulation wurden Fahrtprofile generiert, die über die gesetzten Parameter der Verkehrssimulation eindeutig hinsichtlich der Fahrweise, des Verkehrsaufkommens und der Verkehrsregelung beschrieben sind.

Der Einfluss der Fahrbedingungen auf den Energiebedarf für rein elektrisches Fahren wurde auf Basis dieser generierten und in den Eigenschaften beschreibbaren Fahrten in Kapitel 5 analysiert. Für Stadtfahrten wurde anhand der berechneten Energiebedarfe gezeigt, dass der Einfluss des Verkehrsaufkommens, der Verkehrsregelung und der Fahrweise auf die Information über die durchschnittlich gefahrene Geschwindigkeit reduziert werden kann. Davon auszunehmen sind Fahrsituationen, in denen ein stark beschleunigender und verzögernder Fahrer von der Verkehrsregelung zu häufigem Anhalten gezwun-

T. Schürmann, *Untersuchungen zum kraftstoffeffizienten und lokal emissionsfreien Betrieb paralleler Plug-in- Hybridfahrzeuge und zur Auslegung darauf basierender, prädiktiver Betriebsstrategien*, Wissenschaftliche Reihe Fahrzeugtechnik Universität Stuttgart, https://doi.org/10.1007/978-3-658-34756-7_8

gen und darüber hinaus nicht durch ein vorausfahrendes Fahrzeug beeinflusst wird. In diesem Fall wird mehr Energie benötigt, als über den zuvor erläuterten Zusammenhang ausgegeben wird. Für die Berechnung der Fahrzeit ist die prädiktive Information über die durchschnittlich gefahrene Geschwindigkeit und darauf folgend die Berechnung des Nebenverbraucherbedarfs von hoher Bedeutung. Wie weiterhin gezeigt wurde, kann der Einfluss der Steigung auf den Energiebedarf in guter Näherung getrennt von dem bisher über den genannten Zusammenhang bestimmten Energiebedarf betrachtet werden. Für die Bestimmung des Energiebedarfs ist hier neben dem Höhenunterschied zwischen Fahrtbeginn und Ziel der dazwischenliegende Steigungsverlauf von Bedeutung, wie die dazu durchgeführten Analysen bestätigt haben.

Mit den Sensitivitätsanalysen zum kraftstoffeffizienten Hybridbetrieb in Kapitel 6 wurde gezeigt, dass die Änderung des Ladezustands der HV-Batterie zum Konditionieren auf einen gewünschten Wert so konstant wie möglich sein sollte. Weiterhin bestätigen die Ergebnisse die geläufige Annahme, dass Überlandfahrten zum Nachladen und Stadtfahrten zum Entladen der HV-Batterie geeignet sind. Als relevante prädiktive Informationen ergeben sich daraus die Fahrstrecke sowie die vorausliegenden zulässigen Höchstgeschwindigkeiten für eine Einteilung in Stadt- und Überlandfahrt. Verstärktes Verkehrsaufkommen in Überlandfahrten sollte ebenfalls bekannt sein, um zur Erhöhung der Kraftstoffeffizienz in den Staufahrten elektrische Energie einsetzen zu können. Mit zunehmenden Steigungen verschieben sich die Fahranforderungen von Überlandfahrten in Bereiche, die nicht mehr für ein effizientes Nachladen geeignet sind und daher bekannt sein sollten. Abschließende Untersuchungen haben gezeigt, dass rein aus Kraftstoffeffizienz ein lokal emissionsfreies Fahren nur in einigen Fällen Vorteile gegenüber einem Ladungserhaltungsbetrieb aufweist. Hierbei ist jedoch zu berücksichtigen, dass die Untersuchungen auf Basis von kraftstoffoptimalen Betriebsstrategien durchgeführt wurden und in vielen Fällen der Kraftstoffmehraufwand nur geringfügig höher ist. Reale Umsetzungen weisen aufgrund ihrer Onlinefähigkeit im Vergleich Verschlechterungen im Kraftstoffbedarf auf. Damit ist eine eindeutige Bewertung realer Betriebsstrategien anhand dieses Optimums nur eingeschränkt möglich. Somit existiert die Möglichkeit, den gewünschten Betrieb in der Realität für viele Fahrten effizient darzustellen.

In Kapitel 7 wurde die Gültigkeit der zuvor hergeleiteten Zusammenhänge mit der Umsetzung und anschließenden Bewertung einer prädiktiven Betriebsstrategie überprüft. Die dazu umgesetzte PBS plant auf Basis der prädiktiven Informationen über die zulässigen Höchstgeschwindigkeiten, die durchschnittlich gefahrenen Geschwindigkeiten, die Nebenverbraucherlasten sowie den Steigungsverlauf der Fahrstrecke den Ladezustand der HV-Batterie. Dieser wird so geplant und im Fahrbetrieb eingeregelt, dass sowohl eine hohe Kraftstoffeffizienz als auch lokal emissionsfreies Fahren in bewohnten Gebieten erzielt wird. Der Vergleich mit der kausalen BBS offenbart, dass gegenüber dieser Betriebsstrategie sowohl bei geringen als auch hohen Ladezuständen der HV-Batterie zu Fahrtbeginn Verbesserungen hinsichtlich der gewünschten Zielsetzungen erreicht werden. Es zeigt sich in den Analysen, dass es für eine Sicherstellung der rein elektrischen Fahrt in einigen Fällen unvermeidbar ist, dass das Ziel mit einem höherem als dem gewünschten Ladezustand erreicht wird. Der Grund dafür ist, dass die dynamischen Einflüsse der Verkehrsregelung und des Verkehrsaufkommens nur mit einer gewissen Genauigkeit vorhergesagt werden können und mögliche Abweichungen beinhalten müssen, da bei Ankunft andere Bedingungen vorliegen können. Grundsätzlich ist das Erreichen der Zielsetzungen bei einem hohen Verhältnis von Überlandfahrten zu Stadtfahrt einfacher möglich. In diesen Fällen können ausgehend von geringen Ladezuständen zu Fahrtbeginn geringe Ladegradienten effizient eingeregelt und trotzdem ausreichend elektrische Energie zur Verfügung gestellt werden. Mit den durchgeführten Analysen zur PBS wurde die Gültigkeit der abgeleiteten Zusammenhänge bestätigt.

Aufgrund der regelbasierten Auslegung der PBS ist eine einfache Umsetzung im Fahrzeug möglich. Eine solche Umsetzung trägt dazu bei, die in Kapitel 1 erläuterten Ziele der Gesellschaft zum Umweltschutz zu erreichen. Über die gezeigten Ergebnisse hinausgehende Verbesserungen im Kraftstoffbedarf können auf Basis detaillierterer Informationen erzielt werden. Gerade die weitere Anbindung des Fahrzeugs an Rechnersysteme bietet hier vielversprechende Potenziale. Mit den dadurch höheren verfügbaren Rechen- und Speicherleistungen können Echtzeitinformationen mit einer höheren Genauigkeit zur Verfügung gestellt werden. Weiterhin sind Erweiterungen mit dem kartenbasierten Lernen von dem individuellen Fahrzeugbetrieb möglich, wodurch erneut gefahrene Strecken detaillierter beschrieben werden können.

Damit könnte das teilweise vorhandene Überschätzen des elektrischen Energiebedarfs vermindert oder sogar gänzlich vermieden werden. Zusätzlich sind hierüber Anpassungen hin zu einem möglichst gleichmäßigen und damit kraftstoffeffizienten Hybridbetrieb möglich. Über die Optimierung der Betriebsstrategie hinausgehend ist es jedoch zum Erreichen der genannten Ziele essentiell wichtig, dass PHEVs entsprechend der Zielsetzungen genutzt und dazu häufig extern geladen werden.

Literaturverzeichnis

[1] WLTP - Neues Testverfahren weltweit am Start. Verband der Automobilindustrie e.V. (VDA), 2017

[2] Ambühl, D.: Energy management strategies for hybrid electric vehicles, ETH Zürich, Dissertation, 2009

[3] Asher, Z. D.; Baker, D. A.; Bradley, T. H.: Prediction Error Applied to Hybrid Electric Vehicle Optimal Fuel Economy. In: IEEE Transactions on Control Systems Technology 26, 2018, S. 2121–2134

[4] Barceló, J. (Hrsg.): Fundamentals of Traffic Simulation. Springer New York, 2010

[5] Baur, C.: Modellierungsrahmen für Intelligente Verkehrssysteme zur simulationsbasierten Analyse ihrer Wirkungen auf den Straÿenverkehr, Technische Universität München, Dissertation, 2015

[6] Bellmann, R.: The Theory of Dynamic Programming. In: American Mathematical Society, 1954

[7] Bertsekas, D. P.: Dynamic programming and optimal control: Volume I. Athena Scientific, 2005

[8] Bianchi, D.; Rolando, L.; Serrao, L.; Onori, S.; Rizzoni, G.; Al-Khayat, N.; Hsieh, T.-M.; Kang, P.: A Rule-Based Strategy for a Series/Parallel Hybrid Electric Vehicle: An Approach Based on Dynamic Programming. In: ASME Dynamic Systems and Control Conference, 2010, S. 507–514

[9] Bianchi, D.; Rolando, L.; Serrao, L.; Onori, S.; Rizzoni, G.; Al-Khayat, N.; Hsieh, T.-M.; Kang, P.: Layered control strategies for hybrid electric vehicles based on optimal control. In: International Journal of Electric and Hybrid Vehicles. 2011

© Der/die Herausgeber bzw. der/die Autor(en), exklusiv lizenziert durch
Springer Fachmedien Wiesbaden GmbH, ein Teil von Springer Nature 2021
T. Schürmann, *Untersuchungen zum kraftstoffeffizienten und lokal emissionsfreien Betrieb paralleler Plug-in- Hybridfahrzeuge und zur Auslegung darauf basierender, prädiktiver Betriebsstrategien*, Wissenschaftliche Reihe Fahrzeugtechnik Universität Stuttgart, https://doi.org/10.1007/978-3-658-34756-7

[10] Bingham, C.; Walsh, C.; Carroll, S.: Impact of driving characteristics on electric vehicle energy consumption and range. In: IET Intelligent Transport Systems. 2012, S. 29

[11] Bonfiglio, A.; Lanzarotto, D.; Marchesoni, M.; Passalacqua, M.; Procopio, R.; Repetto, M.: Electrical-Loss Analysis of Power-Split Hybrid Electric Vehicles. In: Energies, 2017, S. 2142

[12] Bramberger, M.: Possibilities and Challenges for Standardization of 48V Battery Packs. In: 26. Aachener Kolloquium Fahrzeug- und Motorentechnik, 2017

[13] Bundesministerium für Umwelt, Naturschutz und nukleare Sicherheit (Hrsg.): Umweltbewusstsein in Deutschland 2018: Ergebnisse einer repräsentativen Bevölkerungsumfrage. 2018

[14] Chandler, R. E.; Hermann, R.; Montroll, E. W.: Traffic Dynamics: Studies in Car Following. In: Operations Research, 1958, S. 165–184

[15] Chasse, A.; Sciarretta, A.; Chauvin, J.: Online optimal control of a parallel hybrid with costate adaptation rule. In: 6th IFAC Symposium Advances in Automotive Control. 2010, S. 99–104

[16] Cummings, T.; Bradley, T. H.; Asher, Z. D.: The Effect of Trip Preview Prediction Signal Quality on Hybrid Vehicle Fuel Economy. In: 4th IFAC Workshop on Engine and Powertrain Control, Simulation and Modeling E-COSM. 2015, S. 271–276

[17] Detering, S.: Kalibrierung und Validierung von Verkehrssimulationsmodellen zur Untersuchung von Verkehrsassistenzsystemen, Technische Universität Braunschweig, Dissertation, 2011

[18] Dierschke, M.: Aufkommen und Verbleib von feinen Feststoffen in Verkehrsflächenabflüssen. In: Wasser, Energie und Umwelt. Springer Fachmedien Wiesbaden, 2017, S. 52–60

[19] Donkers, M. C.; van Schijndel, J.; Heemels, W. P.; Willems, F. P.: Optimal control for integrated emission management in diesel engines. In: Control Engineering Practice Bd. 61. 2017, S. 206–216

[20] Eckstein, L.: IKA-Schriftenreihe Automobiltechnik. Bd. 130: Unkonventionelle Fahrzeugantriebe. fka, 2010

[21] Elbert, P.; Ebbesen, S.; Guzzella, L.: Implementation of Dynamic Programming for n-Dimensional Optimal Control Problems With Final State Constraints. In: IEEE Transactions on Control Systems Technology. 2013, S. 924–931

[22] Engbroks, L.; Görke, D.; Schmiedler, S.; Strenkert, J.; Geringer, B.: Applying forward dynamic programming to combined energy and thermal management optimization of hybrid electric vehicles. In: 5th IFAC Conference on Engine and Powertrain Control, Simulation and Modeling E-COSM. 2018, S. 383–389

[23] Engbroks, L.; Knappe, P.; Goerke, D.; Schmiedler, S.; Goedecke, T.; Geringer, B.: Energetic Costs of ICE Starts in PHEV – Experimental Evaluation and its Influence on Optimization Based Energy Management Strategies. In: SAE Technical Paper, 2019

[24] Felipe, J.; Amarillo, J. C.; Naranjo, J. E.; Serradilla, F.; Diaz, A.: Energy Consumption Estimation in Electric Vehicles Considering Driving Style. In: IEEE 18th International Conference on Intelligent Transportation Systems, 2015, S. 101–106

[25] Ferrara, A.; Sacone, S.; Siri, S.: Freeway Traffic Modelling and Control. Springer International Publishing, 2018

[26] Fischer, R.; Küçükay, F.; Jürgens, G.; Najork, R.; Pollak, B.: The Automotive Transmission Book. Springer International Publishing, 2015

[27] Freuer, A.; Reuss, H.-C.: Consumption Optimization in Battery Electric Vehicles by Autonomous Cruise Control using Predictive Route Data and a Radar System. In: SAE International Journal of Alternative Powertrains Bd. 2, 2013, S. 304–313

[28] Fritzsche, H.-T.: A Model for Traffic Simulation. In: Traffic Engineering & Control Bd. 35. 1994, S. 317–321

[29] Froehlich, J.; Krumm, J.: Route Prediction from Trip Observations. In: SAE Technical Paper, 2008

[30] Fu, L.; Ozguner, U.; Tulpule, P.; Marano, V.:   Real-time energy management and sensitivity study for hybrid electric vehicles.   In: American Control Conference, IEEE, 2011, S. 2113–2118

[31] Gipps, P. G.:   A behavioural car-following model for computer simulation. In: Transportation Research Part B: Methodological Bd. 15. 1981, S. 105–111

[32] Görke, D.: Untersuchungen zur kraftstoffoptimalen Betriebsweise von Parallelhybridfahrzeugen und darauf basierende Auslegung regelbasierter Betriebsstrategien, Universität Stuttgart, Dissertation, 2016

[33] Görke, D.; Strenkert, J.; Schmiedler, S.; Schürmann, T.; Engbroks, L.: The intelligent operating strategy of the Mercedes-Benz plug-in hybrid electric vehicles. In: Der Antrieb von morgen. 2017, S. 107–120

[34] Gross, F.; Jordan, J.; Weninger, F.; Klanner, F.; Schuller, B.: Route and Stopping Intent Prediction at Intersections From Car Fleet Data. In: IEEE Transactions on Intelligent Vehicles Bd. 2. 2016, S. 177–186

[35] Gu, B.; Rizzoni, G.: An Adaptive Algorithm for Hybrid Electric Vehicle Energy Management Based on Driving Pattern Recognition. In: ASME International Mechanical Engineering Congress and Exposition, 2006, S. 249–258

[36] Guzzella, L.; Sciarretta, A.:   Vehicle Propulsion Systems.   Springer Berlin Heidelberg, 2013

[37] Harding, J.:   Modellierung und mikroskopische Simulation des Autobahnverkehrs, Ruhr-Universität Bochum, Dissertation, 2007

[38] Hofman, T.; Steinbuch, M.; van Druten, R. M.; Serrarens, A. F.: Rule-based Energy Management Strategies for Hybrid Vehicle Drivetrains: A Fundamental Approach in Reducing Computation Time.   In: IFAC Proceedings Volumes Bd. 39. 2006, S. 740–745

[39] Hofmann, P.: Hybridfahrzeuge. Springer Vienna, 2014

[40] Hongfei, J.; Zhicai, J.; Anning, N.: Develop a car-following model using data collected by "five-wheel system". In: IEEE International Conference on Intelligent Transportation Systems, 2003, S. 346–351

[41] Jager, B. de; Steinbuch, M.; van Keulen, T.: An Adaptive Sub-Optimal Energy Management Strategy for Hybrid Drive-Trains. In: IFAC Proceedings Volumes Bd. 41. 2008, S. 102–107

[42] Jager, B. de; van Keulen, T.; Kessels, J.: Optimal Control of Hybrid Vehicles. Springer London, 2013

[43] Kesting, A.: Microscopic Modeling of Human and Automated Driving: Towards Traffic-Adaptive Cruise Control, Technische Universität Dresden, Dissertation, 2008

[44] Kitamura, R.; Kuwahara, M.: Simulation Approaches in Transportation Analysis. Springer-Verlag, 2005

[45] Koot, M.; Kessels, J.T..; Jager, B. de; Heemels, W.P..; van den Bosch, P. P.; Steinbuch, M.: Energy Management Strategies for Vehicular Electric Power Systems. In: IEEE Transactions on Vehicular Technology Bd. 54. 2005, S. 771–782

[46] Krauss, S.: Microscopic modeling of traffic flow: investigation of collision free vehicle dynamics, Universität Köln, Dissertation, 1998

[47] Larsson, V.: Route Optimized Energy Management of Plug-in Hybrid Electric Vehicles, Chalmers University of Technology, Dissertation, 2014

[48] Lenaers, G.: Real Life CO2 Emission and Consumption of Four Car Powertrain Technologies Related to Driving Behaviour and Road Type. In: SAE Technical Paper, 2009

[49] Lin, C.-C.; Peng, H.; Grizzle, J. W.: A stochastic control strategy for hybrid electric vehicles. In: American Control Conference, 2004, S. 4710–4715

[50] Liu, Z.; Ivanco, A.; Filipi, Z. S.: Impacts of Real-World Driving and Driver Aggressiveness on Fuel Consumption of 48V Mild Hybrid Vehicle. In: SAE International Journal of Alternative Powertrains Bd. 5. 2016

[51] Lopez, P. A.; Behrisch, M.; Bieker-Walz, L.; Erdmann, J.; Flotterod, Y.-P.; Hilbrich, R.; Lucken, L.; Rummel, J.; Wagner, P.; WieBner, E.: Microscopic Traffic Simulation using SUMO. In: 21st International Conference on Intelligent Transportation Systems, 2018, S. 2575–2582

[52] Madi, M. Y.: Investigating and Calibrating the Dynamics of Vehicles in Traffic Micro-simulations Models, S. 1782–1791

[53] Malikopoulos, A. A.: A Multiobjective Optimization Framework for Online Stochastic Optimal Control in Hybrid Electric Vehicles. In: IEEE Transactions on Control Systems Technology Bd. 24, 2016, S. 440–450

[54] Moura, S. J.; Fathy, H. K.; Callaway, D. S.; Stein, J. L.: A Stochastic Optimal Control Approach for Power Management in Plug-In Hybrid Electric Vehicles. In: IEEE Transactions on Control Systems Technology Bd. 19, 2011, S. 545–555

[55] Mürwald, M.; Keller, U.; Strenkert, J.; Maisch, M.; Nietfeld, F.; Schmiedler, S.: Die neue Generation Hybridantriebe von Mercedes-Benz. In: Wiener Motorensymposium, 2016

[56] Mürwald, M.; Kemmler, R.; Waltner, A.; Kreitmann, F.: Die neuen Vierzylinder-Ottomotoren von Mercedes-Benz. In: MTZ - Motortechnische Zeitschrift. 2013

[57] Ni, D.: Traffic flow theory: Characteristics, experimental methods, and numerical techniques. Butterworth-Heinemann, 2016

[58] Nissen, S.: Implementation of a Fast Artificial Neural Network Library (FANN), Universität Kopenhagen, Dissertation, 2003

[59] Olstam, J. J.; Tapani, A.: Comparison of Car-following models. Swedish National Road and Transport Research Institute, 2004

[60] Onori, S.; Serrao, L.; Rizzoni, G.: Adaptive Equivalent Consumption Minimization Strategy for Hybrid Electric Vehicles. In: ASME Dynamic Systems and Control Conference, 2010, S. 499–505

[61] Onori, S.; Serrao, L.; Rizzoni, G.: Hybrid Electric Vehicles. Springer London, 2016

[62] OpenStreetMap contributors: Planet dump retrieved from https://planet.osm.org. 2019. – URL https://www.openstreetmap.org

[63] Pachernegg, S. J.: A Closer Look at the Willans-Line. In: SAE Technical Paper, 1969

[64] Paganelli, G.; Delprat, S.; Guerra, T. M.; Rimaux, J.; Santin, J. J.: Equivalent consumption minimization strategy for parallel hybrid powertrains. In: IEEE 55th Vehicular Technology Conference, 2002, S. 2076–2081

[65] Panwai, S.; Dia, H.: A reactive agent-based neural network car following model. In: IEEE Intelligent Transportation Systems, 2005, S. 326–331

[66] Plianos, A.; Jokela, T.; Hancock, M.: Predictive Energy Optimization for Connected and Automated HEVs. In: SAE Technical Paper, 2018

[67] Quass, U.: Ermittlung des Beitrages von Reifen-, Kupplungs-, Brems- und Fahrbahnabrieb an den PM10-Emissionen von Straßen. Bd. 165. Wirtschaftsverlag NW, 2008

[68] Rizzoni, G.; Onori, S.: Energy Management of Hybrid Electric Vehicles: 15 years of development at the Ohio State University. In: Oil & Gas Science and Technology – Revue d'IFP Energies nouvelles Bd. 70. 2015, S. 41–54

[69] Romijn, T. C.; Donkers, M. C.; Kessels, J. T.; Weiland, S.: Receding Horizon Control for Distributed Energy Management of a Hybrid Heavy-Duty Vehicle with Auxiliaries. In: 4th IFAC Workshop on Engine and Powertrain Control, Simulation and Modeling E-COSM Bd. 48. 2015, S. 203–208

[70] Rumbolz, P.; Baumann, G.; Reuss, H.-C.: Messung der fahrzeuginternen Leistungsflüsse im Realverkehr. In: ATZ - Automobiltechnische Zeitschrift. 2011, S. 416–421

[71] Schudeleit, M.: Emissionsreduzierung von Hybridantrieben im Zyklus- und Kundenbetrieb, Technische Universität Braunschweig, Dissertation, 2018

[72] Schuermann, T.; Bargende, M.; Boehm, K. A.; Goedecke, T.; Schmiedler, S.; Goerke, D.: How to Model Real-World Driving Behavior? Probability-Based Driver Model for Energy Analyses. In: WCX SAE World Congress Experience, 2019

[73] Schürmann, T.; Görke, D.; Schmiedler, S.; Gödecke, T.; Böhm, K. A.; Bargende, M.: Essential predictive information for high fuel efficiency and local emission free driving with PHEVs. In: 19. Internationales Stuttgarter Symposium, 2019, S. 371–385

[74] Schürmann, T.; Görke, D.; Schmiedler, S.; Strenkert, J.; Böhm, K. A.; Bargende, M.: Analysis of the impact of information about future driving situations on the energy consumption. In: 18. Internationales Stuttgarter Symposium, 2018, S. 413–424

[75] Sciarretta, A.; Back, M.; Guzzella, L.: Optimal Control of Parallel Hybrid Electric Vehicles. In: IEEE Transactions on Control Systems Technology Bd. 12. 2004, S. 352–363

[76] Semmler, D.; Kerner, J.; Spiegel, L.; Fruth, T.; Stache, I.; Abu Daqqa, N.; Schmid, T.; Holzer, M.: The New Drivetrains for the Porsche Panamera Hybrid Models. In: 27. Aachener Kolloquium Fahrzeug- und Motorentechnik, 2018

[77] Serrao, L.: A comparative analysis of energy management strategies for hybrid electric vehicles, The Ohio State University, Dissertation, 2009

[78] Serrao, L.; Onori, S.; Rizzoni, G.: ECMS as a realization of Pontryagin's minimum principle for HEV control. In: American Control Conference, 2009, S. 3964–3969

[79] Serrao, L.; Onori, S.; Rizzoni, G.: A Comparative Analysis of Energy Management Strategies for Hybrid Electric Vehicles. In: IEEE Transactions on Control Systems Technology Bd. 133, 2011, S. 60

[80] Shi, S.; Lin, N.; Zhang, Y.; Huang, C.; Liu, L.; Lu, B.; Cheng, J.: Research on Markov Property Analysis of Driving Cycle. In: IEEE Vehicle Power and Propulsion Conference, 2013, S. 1–5

[81] Simmons, R.; Browning, B.; Zhang, Yilu; Sadekar, V.: Learning to Predict Driver Route and Destination Intent. In: IEEE Intelligent Transportation Systems Conference, 2006, S. 127–132

[82] Sivertsson, M.; Sundström, C.; Eriksson, L.: Adaptive Control of a Hybrid Powertrain with Map-based ECMS. In: 18th IFAC World Congress Bd. 44. 2011, S. 2949–2954

[83] Stephens, R.: Essential algorithms: A practical approach to computer algorithms. J. Wiley & Sons, 2013

[84] Strenkert, J.; Schildhauer, C.; Richter, M.; Görke, D.; Ruzicka, N.: Der neue Plug-In Hybrid 4-Zylinder Diesel von Mercedes-Benz. In: 26. Aachener Kolloquium Fahrzeug- und Motorentechnik, 2017

[85] Stroock, D. W.: An Introduction to Markov Processes. Springer-Verlag Berlin Heidelberg, 2014

[86] Sundström, O.: Optimal control and design of hybrid-electric vehicles, ETH Zürich, Dissertation, 2009

[87] Sundström, O.; Ambühl, D.; Guzzella, L.: On Implementation of Dynamic Programming for Optimal Control Problems with Final State Constraints. In: Oil & Gas Science and Technology – Revue d'IFP Energies nouvelles Bd. 65, 2010, S. 91–102

[88] Sundstrom, O.; Guzzella, L.: A generic dynamic programming Matlab function. In: IEEE International Conference on Control Applications, 2009, S. 1625–1630

[89] Tang, L.; Rizzoni, G.; Onori, S.: Energy Management Strategy for HEVs Including Battery Life Optimization. In: IEEE Transactions on Transportation Electrification Bd. 1. 2015, S. 211–222

[90] Thomas, J.; Huff, S.; West, B.; Chambon, P.: Fuel Consumption Sensitivity of Conventional and Hybrid Electric Light-Duty Gasoline Vehicles to Driving Style. In: SAE International Journal of Fuels and Lubricants Bd. 10, 2017

[91] Timmann, M.; Inderka, R.; Eder, T.: Development of 48V powertrain systems at Mercedes-Benz. In: 18. Internationales Stuttgarter Symposium, 2018, S. 567–577

[92] Treiber, M.; Hennecke, A.; Helbing, D.: Congested traffic states in empirical observations and microscopic simulations. In: Physical Review E Bd. 62. 2000, S. 1805–1824

[93] Treiber, M.; Kesting, A.: Traffic Flow Dynamics. Springer Berlin Heidelberg, 2013

[94] Vadamalu, R.; Beidl, C.; Barth, S.; Rass, F.: Multi-Objective Predictive Energy Management Framework for Hybrid Electric Powertrains: An Online Optimization Approach. In: 27. Aachener Kolloquium Fahrzeug- und Motorentechnik, 2018

[95] Vadamalu, R. S.; Beidl, C.: Online Optimization based Predictive Energy Management Functionality of Plug-In Hybrid Powertrain using Trajectory Planning Methods. In: SAE Technical Paper, 2017

[96] Vagg, C.: Optimal Control of Hybrid Electric Vehicles for Real-World Driving Patterns, University of Bath, Dissertation, 2014

[97] Vagg, C.; Akehurst, S.; Brace, C. J.; Ash, L.: Stochastic Dynamic Programming in the Real-World Control of Hybrid Electric Vehicles. In: IEEE Transactions on Control Systems Technology Bd. 24. 2016, S. 853–866

[98] van Basshuysen, R.; Schäfer, F.: Handbuch Verbrennungsmotor: Grundlagen, Komponenten, Systeme, Perspektiven. Springer Vieweg, 2015

[99] Vogel, A.; Ramachandran, D.; Gupta, R.; Raux, A.: Improving Hybrid Vehicle Fuel Efficiency Using Inverse Reinforcement Learning. In: 26th AAAI Converence on Artificial Intelligence, 2012

[100] Waschl, H.; Kolmanovsky, I.; Steinbuch, M.; del Re, L.: Optimization and Optimal Control in Automotive Systems. Springer International Publishing, 2014

[101] Wegener, A.; Piórkowski, M.; Raya, M.; Hellbrück, H.; Fischer, S.; Hubaux, J.-P.: TraCI: An Interface for Coupling Road Traffic and Network Simulators. In: Proceedings of the 11th communications and networking simulation symposium on, 2008, S. 155–163

[102] Wiedemann, R.: Simulation des Straßenverkehrsflusses, Universität Karlsruhe, Dissertation, 1974

[103] Yang, S.; Wang, W.; Zhang, F.; Hu, Y.; Xi, J.: Driving-Style-Oriented Adaptive Equivalent Consumption Minimization Strategies for HEVs. In: IEEE Transactions on Vehicular Technology Bd. 67. 2018, S. 9249–9261

[104] Zhang, C.; Vahidi, A.: Route Preview in Energy Management of Plug-in Hybrid Vehicles. In: IEEE Transactions on Control Systems Technology Bd. 20, 2012, S. 546–553

Anhang

A.1 Anhang 1

Betrachtete Fahrweisen für eine zulässige Höchstgeschwindigkeit

Anhand der zum Kalibrieren des PBDM verwendeten Realfahrtmessungen werden die drei betrachteten Fahrweisen für eine zulässige Höchstgeschwindigkeit gezeigt. Die Messfahrten weisen jeweils die Fahraufgaben freie Fahrt, Bremsen auf ortsfeste Objekte sowie das Folgen vorausfahrender Fahrzeuge auf. Veranschaulicht werden die Fahrweisen mit den Beschleunigung-Geschwindigkeit-Verteilungen.

Die erste Fahrweise weist durchschnittliche Beschleunigungen und Verzögerungen mit leicht höheren Zielgeschwindigkeiten auf, siehe Abb. A1.1. Für nachfolgende Vergleiche mit den anderen Fahrweisen ist die Höchstgeschwindigkeit dieser Fahrweise markiert.

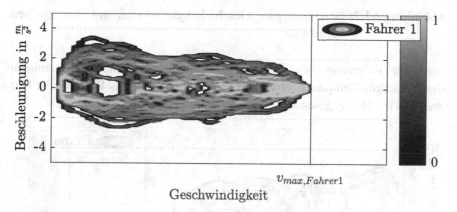

Abbildung A1.1: Beschleunigung-Geschwindigkeit-Verteilung der ersten Fahrweise

© Der/die Herausgeber bzw. der/die Autor(en), exklusiv lizenziert durch Springer Fachmedien Wiesbaden GmbH, ein Teil von Springer Nature 2021
T. Schürmann, *Untersuchungen zum kraftstoffeffizienten und lokal emissionsfreien Betrieb paralleler Plug-in- Hybridfahrzeuge und zur Auslegung darauf basierender, prädiktiver Betriebsstrategien*, Wissenschaftliche Reihe Fahrzeugtechnik Universität Stuttgart, https://doi.org/10.1007/978-3-658-34756-7

Die zweite Fahrweise weist starke Beschleunigungen und Verzögerungen mit hohen Zielgeschwindigkeiten auf, siehe Abb. A1.2. Als Referenz ist die Höchstgeschwindigkeit der ersten Fahrweise markiert.

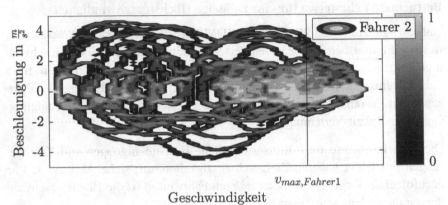

Abbildung A1.2: Beschleunigung-Geschwindigkeit-Verteilung der zweiten Fahrweise

Die dritte Fahrweise weist geringe Beschleunigungen und Verzögerungen sowie häufigen Tempomatbetrieb auf, siehe Abb. A1.3. Als Referenz ist hier ebenfalls die Höchstgeschwindigkeit der ersten Fahrweise dargestellt.

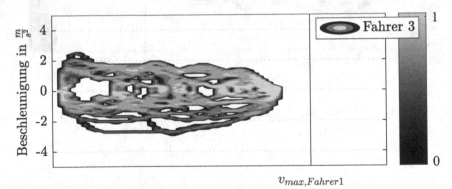

Abbildung A1.3: Beschleunigung-Geschwindigkeit-Verteilung der dritten Fahrweise

A.2 Anhang 2

Einfluss der Nebenverbraucherlast auf den elektrischen Energiebedarf

Die Abb. A2.1 zeigt den Einfluss verschiedener statischer Nebenverbraucherlasten auf den elektrischen Energiebedarf für verschiedene Fahrsituationen mit
einer zulässigen Höchstgeschwindigkeit von 50 km/h.

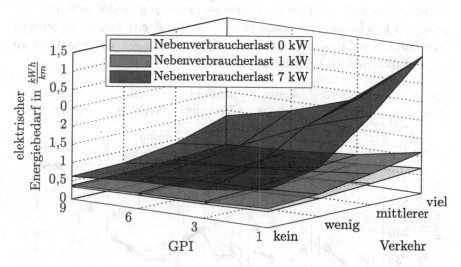

Abbildung A2.1: Einfluss statischen Nebenverbraucherlasten auf die elektrische Reichweite (v_{zul} = 50 km/h, alle drei Fahrer)

A.3 Anhang 3

Laden im Hybridbetrieb

Im Folgenden werden die normierten Kraftstoffkosten für das Aufladen der HV-Batterie in möglichen Fahrsituationen mit einer zulässigen Höchstgeschwindigkeit von 100 km/h gezeigt. Dargestellt sind hier die Ergebnisse für die zweite und die dritte Fahrweise als Ergänzung zu den in Kapitel 6.2 gezeigten Ergebnissen der ersten Fahrweise. Die zweite Fahrweise zeichnet sich durch hohe Beschleunigungen und Verzögerungen aus und führt zu folgenden normierten Kraftstoffersparnissen.

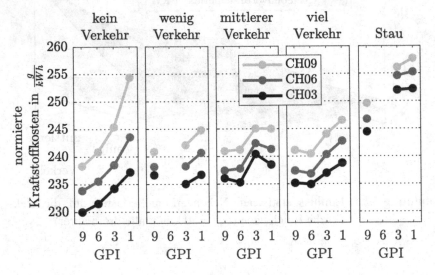

Abbildung A3.1: Normierte Kraftstoffkosten für verschiedene Ladegradienten in möglichen Fahrsituationen (v_{zul} = 100 km/h, Fahrer 2)

Die geringen Beschleunigungen und Verzögerungen der dritten Fahrweise führen zu den folgenden normierten Kraftstoffersparnissen.

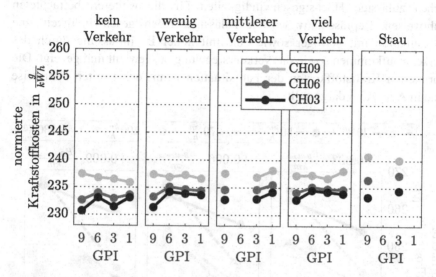

Abbildung A3.2: Normierte Kraftstoffkosten für verschiedene Ladegradienten in möglichen Fahrsituationen ($v_{zul} = 100$ km/h, Fahrer 3)

Die folgenden beiden Abbildungen veranschaulichen die normierten Kraftstoffkosten verschiedener Ladegradienten für Fahrsituationen mit unterschiedlichen zulässige Höchstgeschwindigkeiten für die weiteren betrachteten Fahrweisen. Repräsentativ wird je zulässiger Höchstgeschwindigkeit eine Fahrsituation mit geringer sowie eine mit hoher Beeinflussung durch das Verkehrsaufkommen sowie die Verkehrsregelung ausgewählt und gezeigt. Die normierten Kraftstoffkosten der Fahrsituationen mit der zweiten Fahrweise sind in Abb. A3.3 dargestellt.

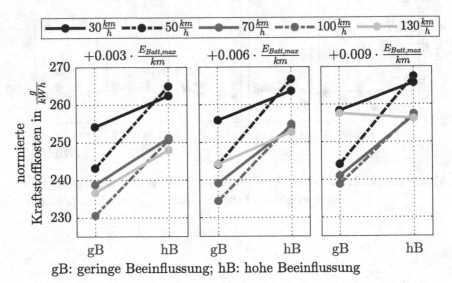

gB: geringe Beeinflussung; hB: hohe Beeinflussung

Abbildung A3.3: Normierte Kraftstoffkosten für verschiedene Ladegradienten (Fahrer 2, in der Ebene)

Abb. A3.4 zeigt die normierten Kraftstoffkosten für Fahrsituationen mit der dritten Fahrweise.

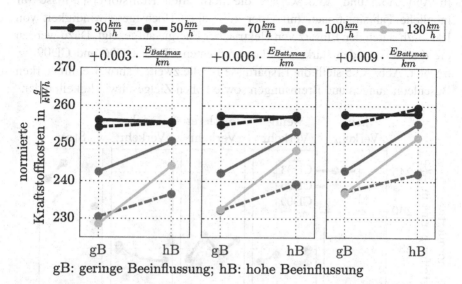

gB: geringe Beeinflussung; hB: hohe Beeinflussung

Abbildung A3.4: Normierte Kraftstoffkosten für verschiedene Ladegradienten (Fahrer 3, in der Ebene)

Entladen im Hybridbetrieb

In Abb. A3.5 und A3.6 werden die normierten Kraftstoffersparnisse für mögliche Fahrsituationen mit einer zulässigen Höchstgeschwindigkeit von 100 km/h durch den Einsatz von elektrischer Energie aufgezeigt. Dazu werden die drei verschieden starken Entladegradienten CD03, CD06 und CD09 betrachtet. Abb. A3.5 stellt die Ersparnisse für die zweite Fahrweise mit starken Beschleunigungen und Bremsungen sowie hohen Zielgeschwindigkeiten dar.

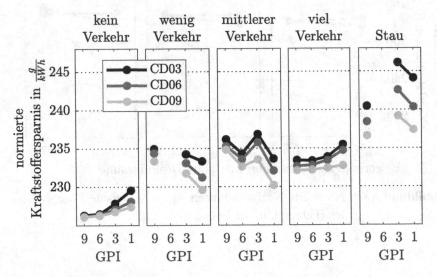

Abbildung A3.5: Normierte Kraftstoffersparnisse für verschiedene Entladegradienten in möglichen Fahrsituationen (v_{zul} = 100 km/h, Fahrer 2)

Bei der dritten Fahrweise mit geringen Beschleunigungen und Verzögerungen ergeben sich die folgenden normierten Kraftstoffersparnisse.

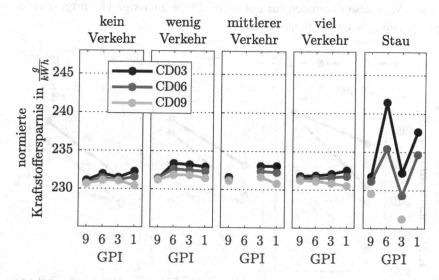

Abbildung A3.6: Normierte Kraftstoffersparnisse für verschiedene Entlade-gradienten in möglichen Fahrsituationen ($v_{zul} = 100$ km/h, Fahrer 3)

Die folgende Abb. A3.7 zeigt die normierten Kraftstoffersparnisse für Fahrsituationen mit geringer und hoher Beeinflussung durch die Verkehrsregelung und das Verkehrsaufkommen für unterschiedliche zulässige Höchstgeschwindigkeiten und die zweite Fahrweise.

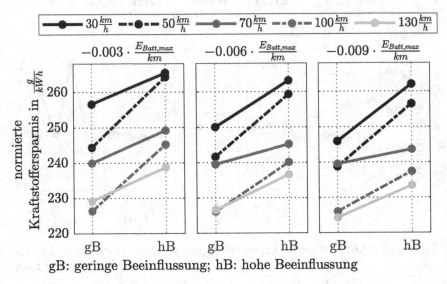

gB: geringe Beeinflussung; hB: hohe Beeinflussung

Abbildung A3.7: Normierte Kraftstoffersparnisse für verschiedene Entladegradienten (Fahrer 2, in der Ebene)

Die normierten Kraftstoffersparnisse für Fahrsituationen mit verschiedenen zulässigen Höchstgeschwindigkeiten der dritten Fahrweise sind in der folgenden Abb. A3.8 veranschaulicht.

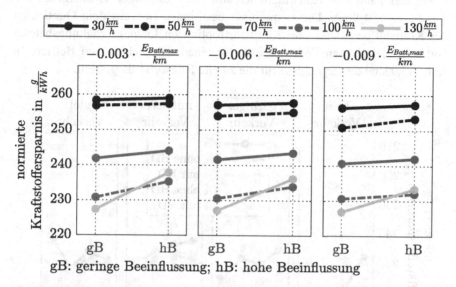

gB: geringe Beeinflussung; hB: hohe Beeinflussung

Abbildung A3.8: Normierte Kraftstoffersparnisse für verschiedene Entladegradienten (Fahrer 3, in der Ebene)

Laden im Hybridbetrieb für lokal emissionsfreies Fahren

Betrachtet werden hier die normierten Kraftstofferparnisse durch lokal emissionsfreies Fahren in Fahrsituationen mit einer zulässigen Höchstgeschwindigkeit von 50 km/h. Die Ersparnisse bestimmen sich aus dem Quotienten des Kraftstoffbedarf für einen kraftstoffoptimalen Ladungserhaltungsbetrieb und dem elektrischen Energiebedarf für einen rein elektrischen Betrieb. In Abb. A3.9 sind die Ergebnisse für die zweite Fahrweise dargestellt.

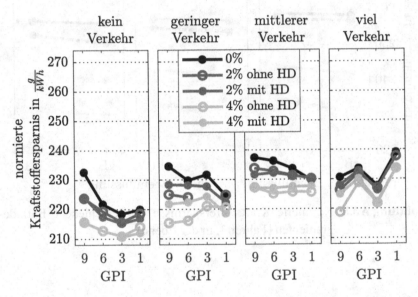

Abbildung A3.9: Kraftstoffersparnisse durch rein elektrische Fahrt im Vergleich zum kraftstoffoptimalen Ladungserhaltungsbetrieb (v_{zul} = 50 km/h, Fahrer 2)

Die normierten Kraftstoffersparnisse durch lokal emissionsfreies Fahren für die dritte Fahrweise mit niedrigen Beschleunigungen und Verzögerungen sind in der folgenden Abb. A3.10 veranschaulicht.

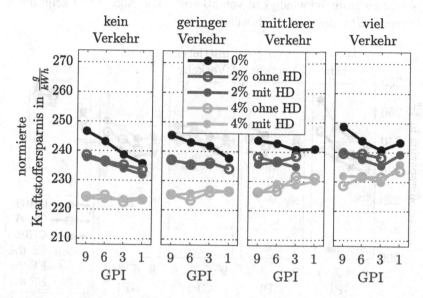

Abbildung A3.10: Kraftstoffersparnisse durch rein elektrische Fahrt im Vergleich zum kraftstoffoptimalen Ladungserhaltungsbetrieb (v_{zul} = 50 km/h, Fahrer 3)

Vergleich der Kraftstoffkosten zum Laden in außerstädtischen Fahrsituationen mit einer zulässigen Höchstgeschwindigkeit von 100 km/h mit den Kraftstofferersparnissen durch lokal emissionsfreies Fahren in Fahrsituationen mit einer zulässigen Höchstgeschwindigkeit von 50 km/h. Die Abb. A3.11 zeigt dabei die Ergebnisse für die zweite Fahrweise.

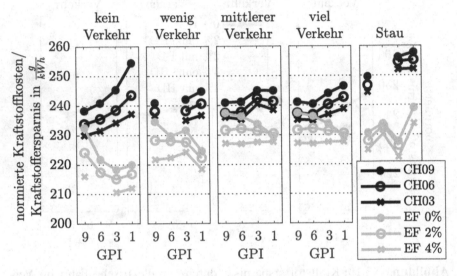

Abbildung A3.11: Normierte Kraftstoffkosten zum Laden (v_{zul} = 100 km/h) im Vergleich zu den normierten Kraftstofferersparnissen durch rein elektrisch Fahrt (v_{zul} = 50 km/h, Fahrer 2)

Für die dritte Fahrweise ergeben sich die Kosten und die Ersparnisse zu denen in der folgenden Abb. A3.12 dargestellten.

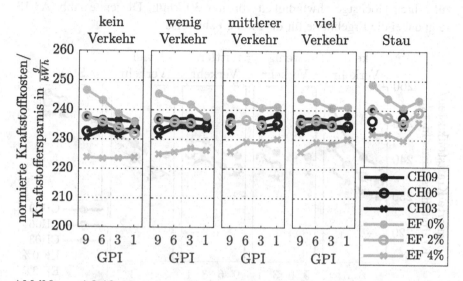

Abbildung A3.12: Normierte Kraftstoffkosten zum Laden (v_{zul} = 100 km/h) im Vergleich zu den normierten Kraftstoffersparnissen durch rein elektrisch Fahrt (v_{zul} = 50 km/h, Fahrer 3)

Abb. A3.13 und Abb. A3.14 zeigen den Vergleich der Kraftstoffkosten mit den Ersparnissen durch lokal emissionsfreies Fahren in einer Stadt mit einer zulässigen Höchstgeschwindigkeit von nur 30 km/h. Die erste Abb. A3.13 zeigt dabei die Ergebnisse für die zweite Fahrweise.

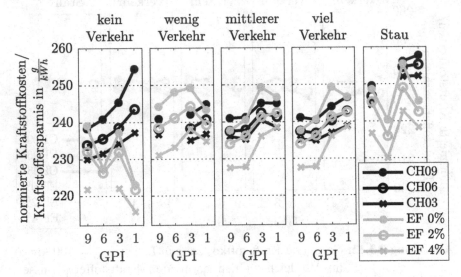

Abbildung A3.13: Normierte Kraftstoffkosten zum Laden (v_{zul} = 100 km/h) im Vergleich zu den normierten Kraftstoffersparnissen durch rein elektrisch Fahrt (v_{zul} = 30 km/h, Fahrer 2)

Für die dritte Fahrweise ergeben sich der Vergleich der Kosten und der Ersparnisse zu dem in der folgenden Abb. A3.14 dargestelltem.

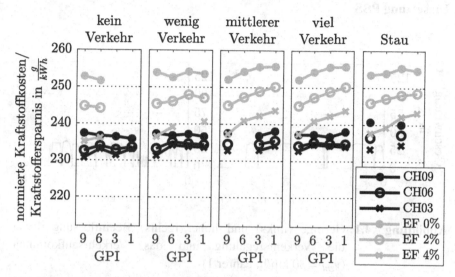

Abbildung A3.14: Normierte Kraftstoffkosten zum Laden (v_{zul} = 100 km/h) im Vergleich zu den normierten Kraftstoffersparnissen durch rein elektrisch Fahrt (v_{zul} = 30 km/h, Fahrer 3)

A.4 Anhang 4

Umsetzung PBS

Zyklen

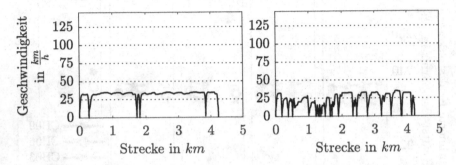

Abbildung A4.1: Geringe (links) und hohe (rechts) Beeinflussung durch die Verkehrsregelung und das Verkehrsaufkommen (v_{zul} = 30 km/h, Fahrer 1)

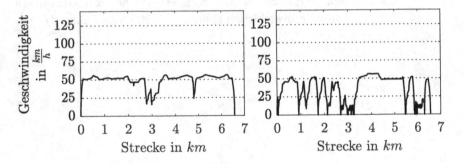

Abbildung A4.2: Geringe (links) und hohe (rechts) Beeinflussung durch die Verkehrsregelung und das Verkehrsaufkommen (v_{zul} = 50 km/h, Fahrer 1)

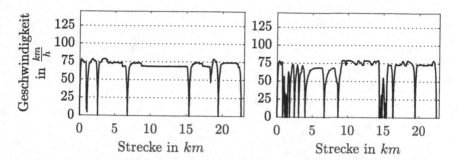

Abbildung A4.3: Geringe (links) und hohe (rechts) Beeinflussung durch die Verkehrsregelung und das Verkehrsaufkommen (v_{zul} = 70 km/h, Fahrer 1)

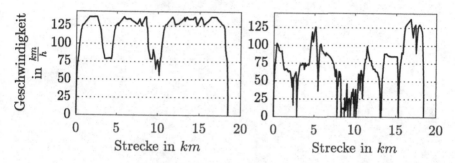

Abbildung A4.4: Geringe (links) und hohe (rechts) Beeinflussung durch die Verkehrsregelung und das Verkehrsaufkommen (v_{zul} = 130 km/h, Fahrer 1)

Printed in the United States
by Baker & Taylor Publisher Services